Inhaltsverzeichnis

Vorwort	5
1. Wetter-, Witterungs- und Klimaprognosen	7
2. Prognosemöglichkeiten einzelner Kompartimente des Klimasystems	12
3. Klimamodelle und ihre Aussagefähgigkeit für die Zukunft	34
4. Fazit der Prognosemöglichkeiten	40
5. Ein Blick in die Vergangenheit – Analogfall für die Zukunft	43
Literaturverzeichnis	44

Vorwort

Das Problem des zunehmenden Treibhauseffektes unserer Atmosphäre hat in der Klimatologie die Entwicklung und Nutzung von Klimamodellen entscheidend befördert. Trotz großer Rechnerkapazitäten vermögen selbst „ozeangekoppelte atmosphärische Zirkulationsmodelle" das komplexe Klimasystem noch nicht vollständig zu integrieren. Die Modellannahmen basieren in der Regel lediglich auf der Variation eines Teilkompartiments des Klimasystems, zumeist des Spurengasgehaltes der Atmosphäre und seinen Rückkoppelungen in diesem System. Die Modelle sind jedoch noch nicht in der Lage, die Realität der Variationen eigentlich aller Kompartimente unseres Klimasystems in all ihren wechselseitigen Rückkoppelungen einzubeziehen. Die Strahlungsbilanz ist ebensowenig eine Konstante wie die Struktur der Erdoberfläche, an der ja wesentliche Energieumsätze stattfinden oder etwa der Vulkanismus, der zumindest kurzfristig die Strahlungsbilanz des Systems Erde/Atmosphäre stark beeinflussen kann. So sind Klimamodelle zwar von größtem Nutzen, die Wirkungen der primären Veränderung eines Kompartiments des Klimasystems auf das Klima zu berechnen, sie können jedoch nicht eigentlich als Prognosen angesehen werden. Prognosen der Entwicklung des Gesamtsystems unseres Klimas und seiner Randbedingungen sind derzeit rechnerisch (noch) nicht möglich.

Daher geht die vorliegende Studie zunächst – und zwar qualitativ – auf die Frage der Prognostizierbarkeit jedes einzelnen wesentlichen Teils des Klimasystems ein: von der Solarstrahlung bis zur Oberflächenstruktur der „festen" Erde. Sie bewertet zunächst die Prognostizierbarkeit der Einzelelemente sowie ihre in näherer Zukunft wahrscheinlichsten Veränderungen und zieht daraus abschließend ein Resumée der Prognostizierbarkeit des Gesamtsystems sowie der Richtung seiner wahrscheinlichsten Veränderung. Die offenkundige Schwierigkeit, die Entwicklung des hochkomplexen Klimasystems vorherzusagen, kann jedoch nicht bedeuten, die sehr gut belegten Gefahren für das Weltklima durch den zunehmenden Treibhauseffekt und die Störungen der stratosphärischen Ozonschicht zu negieren. Unter Berücksichtigung der übrigen Teilglieder des Klimasystems kann nach der vorliegenden Studie qualitativ sogar der Schluß hoher Wahrscheinlichkeit gezogen werden, daß die Folgen anthropogener Atmosphärenmodifikation in den Klimamodellen mittelfristig eher unterschätzt werden.

Die vorliegende Studie entstand in Zusammenhang mit einem Projekt der Projektgruppe Technik und Gesellschaft der KFA-Jülich über die Perzeption von Klimagefahren durch den Menschen. Die geringe Wahrnehmung der drohenden Klimagefahren durch die Mehrheit der Bundesbürger galt es von der Klimatologie her fachspezifisch zu hinterfragen. Die in der vorliegenden Studie aufgezeigte Kompliziertheit des Klimasystems und die Schwierigkeit seiner Prognostizierbarkeit sowie die Langfristigkeit und die „schleichende" Entwicklung des Klimaproblems tragen wohl entscheidend zu seiner geringen Perzeption bei. In Fortentwicklung einer Studie zur „Klimarisikoperzeption" entstand die hier vorgelegte Beschäftigung mit der „Prognostizierbarkeit des Klimasystems" durch Vorträge im Rahmen des Studium Generale an den Universitäten Tübingen und Stuttgart-Hohenheim sowie einen Vortrag für die Projektgruppe Technik und Gesellschaft an der KFA-Jülich. Über diese Vorträge ist die vorliegende Studie herangereift. Sie versteht sich keineswegs als Alternative zu quantitativen Klimamodellen, sondern als Gedankengebäude eines Klimatologen der Geographie, der diesem Fach entsprechend in einem Systemdenken zunächst die einzelnen Kompartimente des komplexen Klimasystems auf die Vorhersagbarkeit ihrer Entwicklung in Raum und Zeit qualitativ hinterfragt und sich dann der Frage der Vorhersagbarkeit der Entwicklung des Gesamtsystems stellt. Diese Gedanken sollen weitere Analysen anregen; sie werfen mehr Fragen auf, als sie zu beantworten vermögen.

Der Akademie der Wissenschaften und der Literatur Mainz danke ich für die Aufnahme der vorliegenden Studie in die Reihe ihrer „Abhandlungen".

Bad Dürkheim im November 1989   *Peter Frankenberg*

1. Wetter-, Witterungs- und Klimaprognosen

Wenn in Hongkong ein Schmetterling aufsteigt, ändert sich bei uns das *Wetter*. Dieser Satz der Chaostheorie mag verdeutlichen, wie schwierig eine langfristige Wettervorhersage ist. *Witterungsprognosen* werden teils nach detaillierten Berechnungen, teils mehr von der Seite des Laien nach Bauernregeln oder nach dem 100-jährigen Kalender vorgenommen. Der 100-jährige Kalender basiert auf nur einjährigen Aufzeichnungen eines Abtes von Bamberg und ist daher für eine Witterungsprognose ungeeignet. Die Bauernregeln beinhalten einen langjährigen Erfahrungsschatz. Gerade die Bauern haben wegen der Abhängigkeit ihrer Erträge von der Witterung gleichsam mental wesentliche Witterungsregelfälle registriert und tradiert. Diese Witterungsregelfälle sind in der modernen Klimatologie als Singularitäten bekannt. Es handelt sich um signifikante Schwankungen im Jahresgang des Witterungsgeschehens. Bekannt sind etwa die Eisheiligen oder die Hundstage des Sommers, bzw. das Weihnachtstauwetter. Aber auch auf das Eintreten dieser Singularitäten im Witterungsjahresgang ist kein absoluter Verlaß. Manchmal bleiben sie aus, manchmal treten sie zu anderen Terminen, also verfrüht oder verspätet auf. Sie sind stets an besondere Zirkulationsmuster der Atmosphäre, Wetterlagen, gebunden. In längeren Zeitabschnitten schwankt ihr Auftreten derart, daß sie zu verläßlichen Prognosen eben nicht taugen. Dies verdeutlicht der pentadiäre Temperaturgang an der Station Mannheim über die Periode 1970–1985 im Vergleich zu den entsprechenden Fünf-Tages-Mittelwerten der Periode 1781–1786 (vgl. jeweils Abb. 1). Während der ersten Pentaden des Jahres zeigt sich eine gewisse Konformität der Jahresgänge der Periode der sogenannten „Kleinen Eiszeit" und der rezenten Periode in Mannheim. Ab Mitte Februar, d. h. ab der zehnten Pentade, bleibt dann die Temperaturkurve der früheren Phase mit charakteristischen Schwingungen markant unter der rezenten Phase zurück. Der Spätwinter war in der vergangenen Phase wesentlich deutlicher ausgeprägt als gegenwärtig. Der Frühlingsanfang erfolgte umso abrupter. Das Aprilwetter war nach einem ersten markant ausgeprägten Temperaturmaximum im Frühjahr in beiden Perioden vor der 25. Pentade als Singularität noch gleichmäßig ausgebildet. In der Sommerphase laufen beide Kurven in ihren Depressionen und Peaks jedoch wenig synchron. Die gegenwärtigen Regelfälle der Monsunwellen und Hochsommerphasen stimmen überhaupt nicht mit den entsprechenden Witterungsabläufen der vorhergehenden Periode überein. Dies belegt, daß die sogenannten Witterungsregelfälle, also Singularitäten, sich kaum zu langfristigen Prognosen eignen. Dies wird auch deutlich, wenn man die Frühwinterphase beider Kurvengänge vergleicht. In der Phase 1781-1786 war keine Erwärmung des sogenannten Weihnachtstauwetters ausgebildet. Dafür zeigte sich ein sehr viel markanterer erster Wintereinbruch nach der 61. Pentade und ein deutlicher Warmluftvorstoß bis zur 65. Pentade, der damals den Frühwintereinbruch von einem Hochwinter trennte, der im Grunde genommen bis zur zehnten oder 18. Pentade währte. Die heutigen Witterungsregelfälle des früheren Winters bis zur Mitte des Januar finden sich in der Phase 1781-1786 nicht wieder. Die Witterungsregelfälle oder Singularitäten eignen sich daher wirklich kaum zu statistisch verläßlichen Witterungsprognosen.

Wenn nun bedacht wird, wie schwierig eine mehrtägige oder sogar mehrwöchige Wettervorhersage ist und wie schwierig es ist, aufgrund der bisherigen Beobachtungen Witterungsprognosen zu geben, so wird leicht verständlich, wie schwierig langfristige *Klimaprognosen* zu erstellen sind.

Auch statistisch detaillierte Analysen von *Klimazeitreihen* gestatten kaum einen Blick in die Zukunft. Die mehr oder weniger rhythmischen Schwingungen gegenwärtiger gemessener Zeitreihen lassen sich nicht in die Zukunft transponieren. Als Beispiel mag die Zeitreihe des Jahresniederschlags von Dakar dienen (vgl. Abb. 2). Sie zeigt die Jahresniederschläge dieser senegalesischen Klimastation zwischen Sahel- und Sudanzone von Ende des vorigen Jahrhunderts bis zum Jahre 1985. Auffallend sind große Schwankungen im Niederschlagsaufkommen

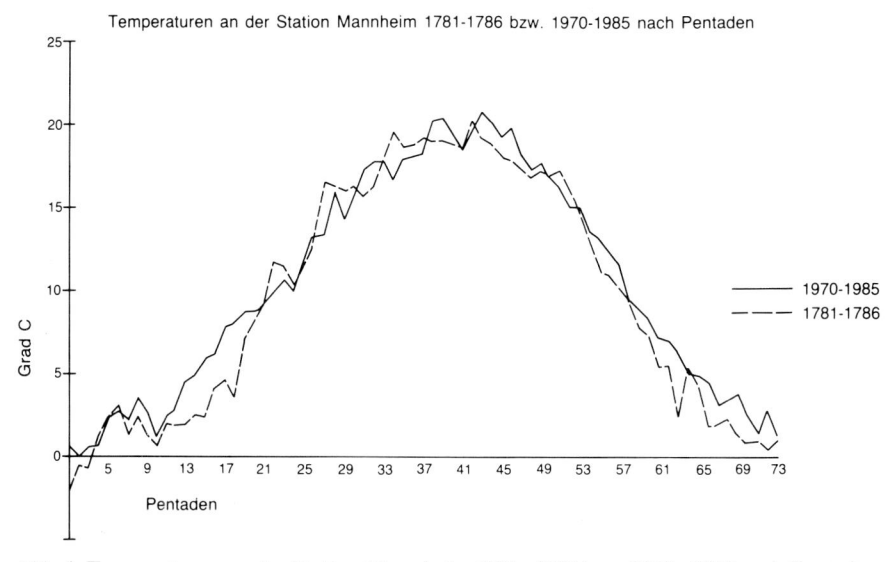

Abb. 1: Temperaturen an der Station Mannheim 1781-1786 bzw. 1970-1985 nach Pentaden

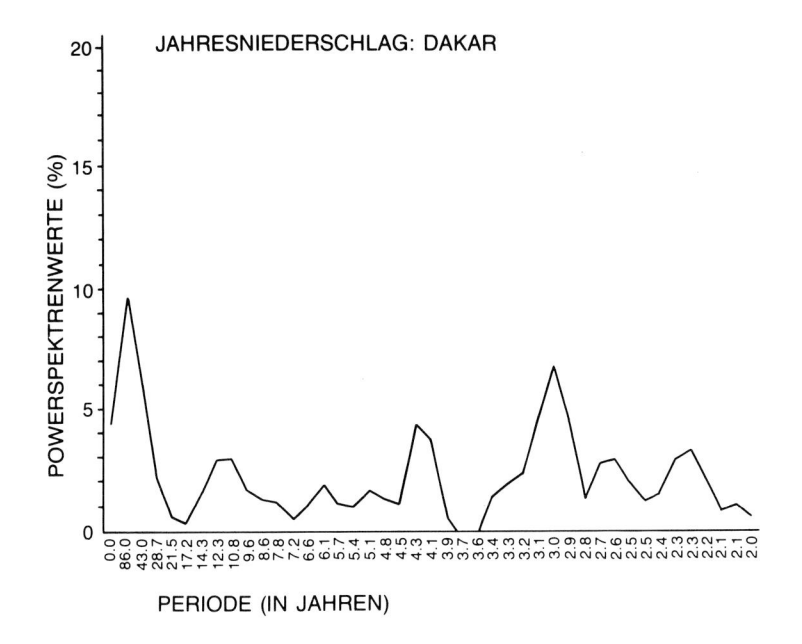

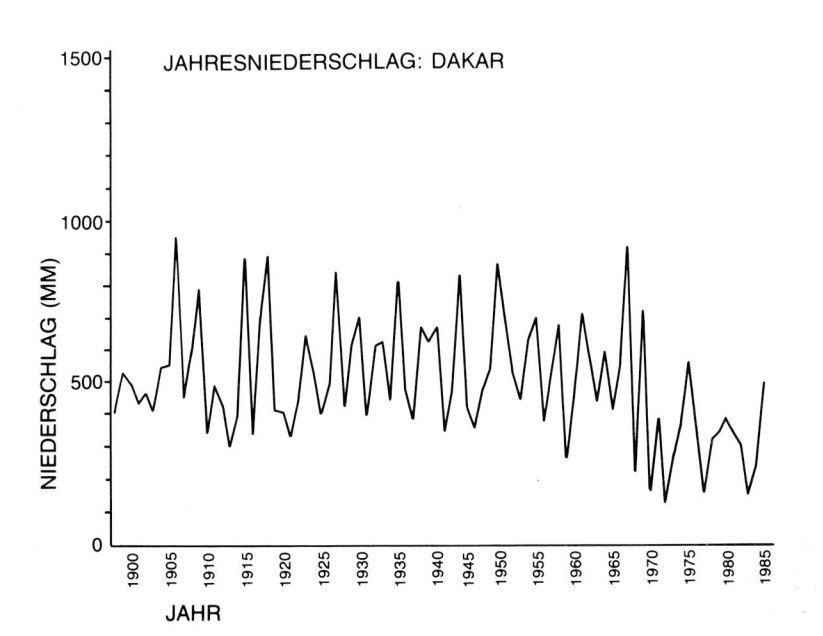

Abb. 2: Zeitreihenanalyse der Jahresniederschläge in Dakar: Periodizitäten (oben); Niederschlagssummen (unten)
(nach Frankenberg, Anhuf, 1989)

von Jahr zu Jahr zwischen 1905 und dem Ende der 60er Jahre unseres Jahrhunderts. In dieser Phase wechselten extrem feuchte, normale und deutlich unternormale Niederschlagsjahre einander ab. Seit den 50er Jahren unseres Jahrhunderts zeigt sich jedoch ein deutlicher Negativtrend des Jahresniederschlagsaufkommens in Dakar. Im Mittel gingen die Niederschläge von Jahr zu Jahr deutlich zurück. Zunächst blieben bis auf eine oder zwei Ausnahmen die anormal hohen Niederschläge aus. Mit dem Ende der 60er Jahre fielen die Niederschläge im Mittel deutlich unter das langjährige Mittel von 500 mm an der Klimastation Dakar. In nur einem Jahr wurde dieses Mittel noch einmal überschritten. Die Mehrzahl der Jahre wichen in ihrem Niederschlagsaufkommen um über eine Standardabweichung negativ von diesem langjährigen Mittelwert ab. Man könnte nun geneigt gewesen sein, diesen Negativtrend der Niederschläge, der das Mittel während der letzten 20 Jahre um fast 150 mm absenkte, einfach in die Zukunft fortzuschreiben. Dann wäre man gewiß an einen Punkt gekommen, in dem es in Dakar zu keinem Niederschlagsaufkommen mehr hätte kommen dürfen. In Wirklichkeit wurde dieser Trend, wenn auch wohl vorübergehend, mit den Jahren 1985 bis zu 1989 deutlich unterbrochen. Im Jahre 1988 kam es durch extrem hohe Niederschläge etwa in der Sahelzone des Sudan sogar zu weitflächigen Überschwemmungen. Einmal in Klimazeitreihen aufgetretene Trends lassen sich kein einziges Jahr in die Zukunft fortführen, denn sie sind wie die Klimazeitreihen an sich nicht stationär. Niemand, der die Ursachen der Trends nicht bis ins letzte Detail klären kann, weiß, ob das in der Zukunft folgende Jahr noch im Trend liegt oder eine Trendumkehr einleitet. Insofern können Trendanalysen von Klimazeitreihen nicht der Prognose dienen. Die Analyse der rhythmischen Schwankungen in Klimazeitreihen ist über ihre Powerspektrenwerte ebenfalls in Abb. 2 dargestellt. Es zeigen sich deutlich hohe Varianzerklärungen der zyklischen Schwingungen des Jahresniederschlagsaufkommens von Dakar in der nahezu 100-jährigen Zeitreihe bei 3,0 Jahren in den kürzeren Periodenlängen. Dahinter mögen solare Einflüsse oder auch globale Schwankungen im Atmosphärengeschehen, die sogenannte „southern oscillation" stehen; präzise ist dieses jedoch im Sinne eines Ursache-Wirkung-Schemas nicht nachzuvollziehen. Bei einer gleitenden Zeitreihenanalyse variieren die Powerspektren-Peaks zudem, weil die zyklischen Schwankungen nicht konstant sind. Am bekanntesten ist eine solche Periodizität sicherlich durch die Erwähnung der sieben trockenen und sieben feuchten Jahre in dem Alten Testament geworden. Dennoch eignen sich wegen der Nicht-Stationarität der Zeitreihen diese Varianzspektrenanalysen auch nicht zur Prognose. Es ist nicht sehr wahrscheinlich, daß in dreijährigen Zyklen gleichsam die Niederschlagsaufkommen in Dakar wiederkehren.

Aufgrund dieser einleitenden Erkenntnisse mag man geneigt sein zu glauben, daß Klimaprognosen quasi unmöglich sind. Man sollte daher die verläßliche

Prognose von einem Modell, einem Zukunftsmodell des Klimas unterscheiden. So sind wir eher in der Lage, Szenarien und Modelle des zukünftigen Klimas zu entwerfen als verläßliche Prognosen zu geben. Diese Modelle können jedoch als Teilprognose interpretiert werden.

Das Klima ist nämlich ein hochkompliziertes System, welches sich aus vielen Kompartimenten zusammensetzt. Es ist daher einfacher, Prognosen der Entwicklung einzelner Teile des Klimasystems zu geben, als dieses System in seiner enormen Komplexität vorherzusagen. In diesem Sinne soll im folgenden versucht werden, zunächst die Entwicklung der *solaren Strahlung* für die nähere und weitere Zukunft zu prognostizieren. Die solare Strahlung ist schließlich Ursache allen Klimageschehens auf der Erde. Sie folgt himmelsmechanischen Gesetzen und internen Gesetzmäßigkeiten der Sonne, die einigermaßen präzise bekannt sind. Die solare Strahlung wirkt auf der Erde gleichsam gefiltert, absorbiert und umgelenkt über die *Atmosphäre* unseres Himmelskörpers. Mit dem Ziel einer Klimaprognose muß daher auch eine Prognose der Veränderungen der Zusammensetzung der Atmosphäre gegeben werden. Die Schlagworte Kohlendioxid, Ozon, Glashauswirkung der Atmosphäre und UV-Strahlung verdeutlichen, daß gegenwärtig der Veränderung der Atmosphäre großes Augenmerk geschenkt wird. Aber nicht nur Solarstrahlung und Atmosphäre machen unser Klima aus, sondern es wird im wesentlichen durch sogenannte *Randbedingungen* gleichsam von unten her geprägt: Durch Vulkanismus, die Oberflächenstruktur der Erde, die Kryosphäre und die Ozeane. Auch die Veränderung der Oberfläche der Erde durch den Menschen ist in ihrer Klimawirksamkeit zur Zeit ein aktuelles Thema. Weltweit werden die Folgen der Abholzung tropischer Regenwälder auf das globale Klima diskutiert.

2. Prognosemöglichkeiten einzelner Kompartimente des Klimasystems

Die Zukunft der solaren Strahlung zu prognostizieren heißt, die kurzfristigen und langfristigen Schwankungen der Sonnenaktivität und der Position der Erde zur Sonne vorhersagen zu wollen. Die Sonne „arbeitet" als Kernfusionsreaktor intern offenbar in zyklischen Phasen mal mit größerer Aktivität, mal weniger aktiv. Diese Aktivitätsschwankungen werden seit langem in den sogenannten Sonnenfleckenrelativzahlen beobachtet. Dunkle Sonnenflecken sind stets von hellen Sonnenfackeln und einer helleren Sonnenkorona begleitet. Es spricht vieles dafür, daß Zeiten hoher Sonnenfleckenrelativzahlen gleichzeitig Zeiten besonders aktiver Sonne, d. h. größerer Energieabgabe von der Sonne in den Weltraum sind. So fällt das sogenannte Maunder-Minimum der Sonnenfleckenrelativzahlen mit einer Kernphase der Kleinen Eiszeit zusammen. Auch konnte Hoyt (1979) sehr enge Beziehungen zwischen der Umbra-Penumbra-Ratio, also einem Schatten/Halbschatten-Quotienten aus Sonnenfleckenanzahlen und damit der Solaraktivität mit den Schwankungen der Nordhemisphären-Temperaturen zwischen 1870 und 1970 ableiten. Dabei wurde jedenfalls der enge Zusammenhang zwischen höherer Sonnenaktivität mit größerer Fleckenzahl und den Temperaturen auf der Nordhalbkugel statistisch signifikant nachgewiesen. Gegenwärtig schreitet die Sonne aus einem Tal geringer Solaraktivität einem Höhepunkt solarer Aktivität bis voraussichtlich 1992 entgegen. Es wird eine Sonnenaktivität erwartet, die in den vergangenen Jahrhunderten nichts Vergleichbares hat. Nach Frankenberg und Anhuf (1989) könnte mit dieser Zunahme der Solaraktivität aufgrund interner solarer Vorgänge die Wiederanfachung der Feuchte im Sahel Westafrikas zusammenhängen. Wahrscheinlich ist auch ein Anstieg der Temperaturen auf der Nordhalbkugel mit dieser Zunahme der Solaraktivität in den nächsten Jahren zu erwarten. Überdies dürfte die UV-Strahlung zunehmen. Neben diesen relativ kurzfristig wirksamen solaren Aktivitätsschwankungen, die mit Schwankungen im „Kernfusionsreaktor Sonne" zusammenhängen, spielen langfristig Änderungen der sogenannten Erdbahnparameter eine wesentlich größere Rolle für die Entwicklung der in das System Erde – Atmosphäre eingenommenen solaren Strahlung, die gemeinhin als Solarkonstante bezeichnet wird, obwohl sie eben keine Konstante darstellt. Die Variationen der Stellung der Erde zur Sonne sind entscheidend für die Strahlungseinnahme von Erde – Atmosphäre. Diese Position der Erde zur Sonne ist einem dreifachen zyklischen Wandel unterlegen.

Die Erde beschreibt eine elliptische Bahn um die Sonne. Die Sonne steht quasi in einem Brennpunkt der Ellipse. Diese elliptische Bahn schwankt zwischen einer mehr kreisförmigen und einer weit gestreckteren Form mit Periodenlängen von ca. 95.000 Jahren. Die Erdachse ist derzeit um 23 $^1/_2$° gegenüber der Ekliptikebene der Rotation der Erde um die Sonne geneigt. Auch diese Erdachsenneigung ist keine Konstante, sondern variiert in einem Zyklus von etwa 41.000 Jahren. Die Erdachsenneigung schwankt zwischen 21°58' und 24°36'. Damit verlagern sich auch Wende- und Polarkreise entsprechend. Die Tropen sind also einmal mehr eingeengt, zum anderen mehr ausgedehnt. Der Zenitstand der Sonne trifft einmal ein engeres Gebiet, zu anderen Zeiten ein weiteres. Damit verlagern sich alle solaren Klimagürtel auf der Erde stetig. Zum dritten führt die Spitze der fiktiven Erdachse am Nordpol quasi eine Kreisbewegung in einer zyklischen Rhythmik von etwa 21.000 Jahren durch. Dieses „Rollen der Erdachse" verändert die Präzision der Tag- und Nachtgleiche, die gegenwärtig terminlich auf den 21. März und den 23. September fällt. Damit werden auch die Zeiten von Perihelion und Aphelion verschoben. Derzeit ist die Erde der Sonne am 2. Januar, d. h. im Südsommer, also im Nordwinter am nächsten. Am 2. Juli, also in unserem Nordhalbkugelsommer, erreicht die Erde ihren sonnenfernsten Punkt. Vor 11.000 Jahren war dies umgekehrt und wird in 11.000 Jahren wieder umgekehrt sein. Dann wird der Nordsommer in die Zeit des Perihelions fallen und etwa 3 - 4 % mehr Strahlung einnehmen als der gegenwärtige Nordsommer. Der Nordwinter wird dann in der Position des Aphelion liegen, also während größter Sonnenferne ablaufen und damit 5 - 7 % weniger Sonnenstrahlung einnehmen als der gegenwärtige Nordwinter. Wenn man dazu bedenkt, daß eine 1 %ige Änderung der Solarstrahlung globale Temperaturänderungen von mehreren Grad Celsius bewirken kann, wird deutlich, wie gravierend die Änderung der Erdbahnparameter, also die Stellung der Erde zur Sonne, auf unser Klimasystem einwirkt. Von Vorteil ist allerdings, daß die zukünftigen Positionen der Erde zur Sonne, d. h. die Erdbahnparameter der Zukunft sich recht gut prognostizieren lassen. Borisenko, Tsvetkow und Agaponov haben dies für die jüngere und weitere Zukunft (1983) getan. Global ist für die nächsten 25.000 Jahre eine Reduktion der Strahlung von der Sonne zur Erde zu erwarten. Die regionale und zeitliche Differenzierung ist allerdings gravierend. Auf der Nordhalbkugel wird die solare Strahlung südlich von 70° Breite in den nächsten 8.000 - 9.000 Jahren auf ein neues Maximum ansteigen. Auf der Südhalbkugel ist in diesem Zeitraum ein Absinken der Solarstrahlung bis zu einem Minimum in 8.000 - 9.000 Jahren zu prognostizieren. Diese Prognosen basieren allerdings nur auf der Änderung der Schiefe der Ekliptik und der Präzession. Sie beziehen nicht die Änderung der Form der Erdbahn um die Sonne ein. Detailliert man diese langfristig zukünftige Schwankung der Solarenergie, so lassen sich im Sommer für unsere Breiten bei 50° N, also der Lage von Mainz, Strahlungserhöhungen bis 8.000/9.000 Jahre in die Zukunft um 1,2% im Sommer und eine Strahlungsreduktion um 3,6% im Winter annehmen. In 40° N lauten die entsprechenden Prognosewerte für den Sommer + 1,9% solarer Strahlung und − 3,5% solarer Strahlung im Winter. In 20° N, also in den Randtropen, können im Sommer 3,2% mehr Strahlung und im Winter 3,4% weniger solare Strahlung erwartet werden. In den nächsten 8 - 9.000 Jahren werden die Sommer auf der Nordhalbkugel stetig umso mehr Strahlung einnehmen, je äquatorwärtiger der Beobachtungsort liegt. Polwärts von 70° Breite wird der Eintrag an Solarstrahlung im Sommer wie im Winter zurückgehen. Die Strahlungseinnahme auf der Nordhalbkugel im Winter wird deutlich geringer sein als gegenwärtig. Generell ist daher für die Zukunft der nächsten Jahrtausende solar eine Sommererwärmung auf der Nordhalbkugel südlich 70° Breite und eine deutliche Winterabkühlung zu prognostizieren. Für die Südhalbkugel kann eine markante Wintererwärmung festgehalten werden. Die generelle Abkühlung nördlich von 70° auf der Nordhalbkugel könnte dort jedoch zu initialen Vereisungsphänomenen führen. Nach der Solarstrahlung wären diese allerdings nicht mit Vereisungen wie während des letzten Höhepunktes unserer Kaltzeit vergleichbar. Die unterschiedliche Strahlungsentwicklung von Sommer zu Winter und von Nord- zu Südhalbkugel würde Ausgleichmechanismen in der Zirkulation der Atmosphäre und der Ozeane auslösen, die ein gegenüber heute wesentlich anderes Klimasystem bedingen würden.

Der heute an Prognosen interessierte Mensch wird jedoch weniger Wert darauf legen zu erfahren, welche Klimaverhältnisse in 8000 bis 9000 Jahren herrschen. Er wird wissen wollen, wie die nähere Zukunft des Klimas und damit hier, wie sich die nähere Entwicklung der Solarstrahlung in das System Erde-Atmosphäre abzeichnet. Allerdings ist die Kenntnis der langfristigen solaren Entwicklung nicht bedeutungslos. Von der Schwankung der Erdbahnparameter und damit von der in das System Erde/Atmosphäre eingehenden Sonnenstrahlung hängt initial der Wechsel von Warm- und Kaltzeiten auf der Erde ab. Für die nächsten Jahrtausende ist danach sicherlich nicht mit Abkühlungsbeträgen zu rechnen, die einen vollen Eiszeitzyklus auslösen könnten. Dies mag wichtig erscheinen im Zusammenhang mit der Erwärmungsdiskussion, die den zunehmenden Eintrag anthropogener Spurengase in die Atmosphäre zum Gegenstand hat. Diese Erwärmung kann demnach keineswegs als Kompensation einer nahen Eiszeit gelten. Auch für die nähere Zukunft muß die solare Strahlung differenziert nach Breitenkreisen und nach Jahreszeitterminen betrachtet werden. So zeigt die Abb. 3 Berechnungen der solaren Strahlung für die Zeit von vor 1820 bis 2100, getrennt nach den Terminen der Sommersonnenwende und der Wintersonnenwende, differenziert nach verschiedenen Breitenkreisen für die Nordhalbkugel. Betrachten wir das Bild der Insolationsschwankungen der Sommersonnenwendentermine auf der Nordhalbkugel, so fallen in 80° N und 60° N generell negative Tendenzen der solaren Strahlung bei starken Schwankungen auf. Bei 40° N und 20° N wird eine positive Tendenz der Solarstrahlung bis 2100 mit geringen Schwankungen registriert. Auch hier wird deutlich, daß die Zunahme der sommerlichen Solarstrahlung umso gravierender ausfällt, je mehr wir uns tropischen Breiten nähern. Bei 50° N ist die Bilanz in etwa ausgeglichen. In sehr kurzzyklischer Dimension wird aber auch in den polaren Breiten in den nächsten Jahren, vor allem nach der Jahrtausendwende, die Solarstrahlung bei generell negativem Trend zunächst einmal deutlicher zunehmen. In 40° N wird ein negativer Zyklus der Solarstrahlung nach Ende der 80er Jahre zu Ende gehen. Generell wird der Strahlungseintrag während des Sommers auf der Nordhalbkugel zunehmen und werden sich die Strahlungsdifferenzen zwischen tropischen und subtropischen Breiten auf der einen sowie polaren Breiten auf der anderen Seite verschärfen. Dies dürfte die Westwindzirkulation mit ihren regenbringenden Fronten über Westeuropa anregen. Generell ist südlich von 50° Breite mit einer Zunahme solarer Strahlung zu rechnen. Für die nächsten Jahre erscheint generell eine Zunahme solarer Strahlung zur Sommerzeit auf der Nordhalbkugel wahrscheinlich. Die Kurzfristprognose für die Wintersonnenwende ist im unteren Teil der Abb. 3 dargestellt. Hier zeigt sich ein zu dem Sommerbild doch sehr differenziertes Verhalten der solaren Strahlung. Nördlich des Polarkreises kommt keine solare Strahlung ein. Es herrscht zur Zeit der Wintersonnenwende Polarnacht. Auch daran wird sich nichts ändern. Die solare Strahlung während des Winters wird jedoch im nächsten Jahrhundert umso markanter ansteigen, je polwärtiger die Position eines möglichen Beobachters ist. Der Strahlungsanstieg zeigt sich in 60° N markanter als in 40° N. In den tropischen Breiten werden sich kaum deutliche Veränderungen der solaren Strahlung zur Winterzeit ergeben. Damit werden die Winter bis 2100 auf der Nordhalbkugel in den Mittelbreiten und Subtropen wahrscheinlich wärmer ausfallen als bisher. In den tropischen Breiten, in denen ja überhaupt keine thermischen Winter ausgebildet sind, wird sich die Temperatur nur wenig durch Variationen der Solarstrahlung ändern.

Im Mittel kann man für die südlichen mittleren Breiten, Subtropen und Tropen der Nordhalbkugel bis 2100 aufgrund der Schwankungen der Erdbahnparameter und zunächst auch aufgrund der kurzfristigen Schwankungen der Solaraktivität mit insgesamt steigender Einstrahlung und daraus folgend wohl steigenden Temperaturen auf der Nordhalbkugel rechnen. Allerdings ist zu bedenken, daß andere Kompartimente des Klimasystems diesen Trend verstärken, maskieren oder sogar in sein Gegenteil verkehren können.

Die nachhaltigste Diskussion der zukünftigen Klimaschwankungen betrifft die Veränderung des *Gasgehaltes* der Atmosphäre durch den Eintrag anthropogener Spurengase. Der Eintrag anthropogener Spurengase in die Atmosphäre verändert

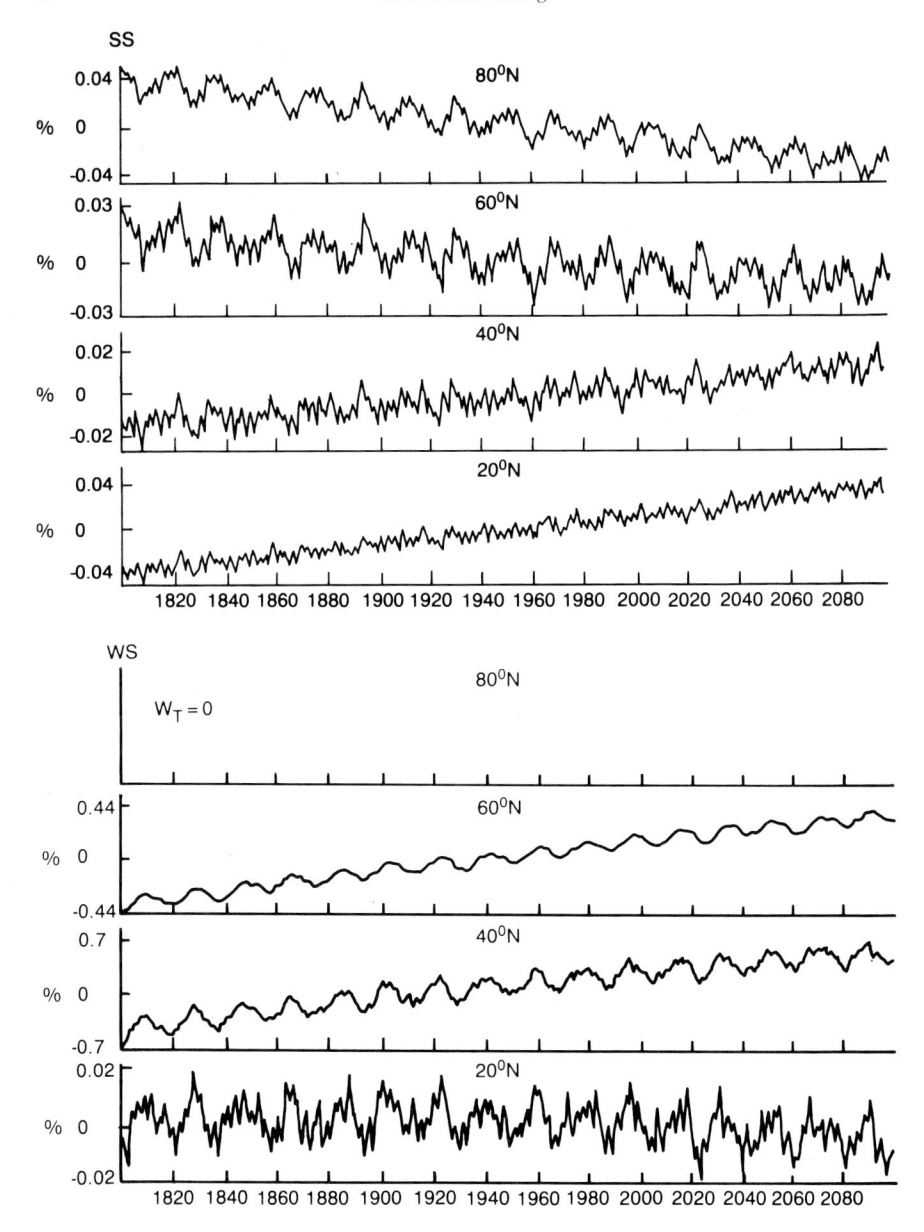

Abb. 3: Relative Insolationsberechnungen für die Sommersonnenwenden ausgesuchter Orte der Nordhalbkugel für die Zeit zwischen 1800 und 2100, als prozentuale Abweichung von Mittel (oben)
Relative Insolationsberechnungen für die Wintersonnenwenden ausgesuchter Orte der Nordhalbkugel zwischen 1800 und 2100, als Abweichung vom Mittel (%) (unten)
(nach Borisenkov et al. (1983), S. 241, 242)

die Strahlungsbilanz des Systems Erde/Atmosphäre. Die kurzwellige Einstrahlung von der Sonne zur Erde wird durch die anthropogenen Atmosphärenveränderungen kaum tangiert. Entscheidend ist die Einengung der Fenster der langwelligen Ausstrahlung von der Erde zwischen 8 und 14 µm sowie zwischen 16 und 20 µm durch CO_2 und weitere Spurengase, vor allem aber durch den vermehrten Eintrag von Wasserstoff in die Atmosphäre als Folge einer initialen Erwärmung durch anthropogene Spurengase. Die Einengung des langwelligen Ausstrahlungsfensters von der Erde in die Atmosphäre bedeutet eine höhere Absorption der von der Erde in den Weltraum gehenden langwelligen Strahlung in den unteren Atmosphärenschichten. Ein großer Teil dieser von der Erde ausgehenden Strahlung, die die Energiebilanz des Systems Erde/Atmosphäre zu einem Teil ausgleicht, wird von Natur aus in den unteren Atmosphärenschichten absorbiert. Dieses ist der sogenannte „Glashauseffekt". Ohne ihn wären die Temperaturen der Erdoberfläche im Mittel 30 – 40 °C kälter als sie es heute sind. Die Absorption der langwelligen Strahlung, die von der Erde ausgeht, in den unteren Atmosphärenschichten durch Wasserstoff und Spurengase ist demnach eine notwendige Voraussetzung für das Leben auf der Erde. Trotz ihrer geringen Anteile am Gesamtgasgehalt der Atmosphäre bedeutet eine Veränderung der Gehalte der unteren Atmosphäre an klimawirksamen Spurengasen eine deutliche Veränderung des Strahlungshaushaltes mit eindeutiger Tendenz zur Erwärmung der unteren Atmosphärenschichten, also der Troposphäre und folglich einer Abkühlung der oberen Atmosphärenschichten, der Stratosphäre. Was in der Troposphäre an Ausstrahlungsenergie durch den Eintrag anthropogener Spurengase zusätzlich absorbiert wird, fehlt zur Erwärmung oberer Atmosphärenschichten. Das Gleichgewicht zwischen Einstrahlung an Energie von der Sonne in das System Erde/Atmosphäre und Ausstrahlung, also Energieabgabe des Systems Erde/Atmosphäre in den Weltraum, ist derzeit gestört. Hauptsächlich ist an dieser Störung der steigende Eintrag von Kohlendioxyd durch die Verbrennung fossiler Energieträger von Seiten des Menschen beteiligt. Die präindustrielle Konzentration des Kohlendioxyds in der Atmosphäre lag bei etwa 270 – 280 ppm. Gegenwärtig beträgt die Reinluftkonzentration in unserer Atmosphäre 350 ppm. Nach Flohn (1985) ist Kohlendioxyd jedoch nur zu etwas mehr als der Hälfte an der Klimawirkung des Eintrags anthropogener Spurengase in die Atmosphäre beteiligt. Ein weiteres klimawirksames Spurengas, das in die Atmosphäre durch Tätigkeiten des Menschen eingetragen wird, ist Methan, das in den 60er Jahren einen Anteil von 1,3 – 1,4 ppm in der Atmosphäre hatte, und seitdem einen Anstieg seines Gehaltes um 1 – 2 % pro Jahr zeitigte. Klimawirksam ist ebenfalls die Zunahme des troposphärischen Ozons, entstanden durch photochemische Reaktion aus CO_2 unter Einfluß von NO_x vor allem aus Autoabgasen. Diese Anreicherung des troposphärischen Ozons wirkt nicht nur miterwärmend, sondern wird auch mitverantwortlich für die weitgehenden Waldschäden der Mittelgebirge und der Alpen unseres Bundesgebietes gemacht. Der vermehrte Eintrag von Wasserdampf in die Atmosphäre hängt wahrscheinlich mit der initialen Erwärmung der Troposphäre vor allem durch den zusätzlichen Eintrag von CO_2 zusammen. Die dadurch gesteigerte Verdunstung läßt den Wasserdampfgehalt der Atmosphäre ansteigen. Gerade dieser ansteigende Wasserdampfgehalt schließt die vorgenannten langwelligen Ausstrahlungsfenster der unteren Atmosphärenschichten zunehmend. Weitere klimawirksame Spurengase sind die Stickoxide wie N_2O und NO_x, die in erster Linie aus dem Kraftverkehr und der Düngung der Landwirtschaft herrühren. Auch Kohlenmonoxide fallen bei der Brandrodung im Zuge der landwirtschaftlichen Nutzung sowie beim Kraftverkehr an und wirken ähnlich den anderen Spurengasen im unteren Atmosphärenbereich. Dies gilt auch für Ammoniak, das bei der Viehhaltung und in Kläranlagen anfällt, sowie Schwefeldioxid, das mit CO_2 bei der Verbrennung fossiler Energieträger in die Atmosphäre gelangt. Eine doppelte Klimawirkung eignet den Chlorfluorkohlenwasserstoffen, die als Treibgase in Sprühdosen, Kühlmittel in Kühlschränken und Schäummittel bei der Erzeugung von Kunststoffdämmplatten Verwendung finden. Diese Chlorfluormethane werden neben ihrem troposphärischen Erwärmungseffekt auch für eine Zerstörung von Ozonmolekülen im Bereich der Stratosphäre, vor allem der Antarktis („Ozonloch"), mitverantwortlich gemacht. Sie weisen also eine doppelte Klimawirkung auf. Betrachten wir nun in Abb. 4 die Gesamtzusammenhänge der Quellenänderung der anthropogenen Spurengase, d. h. des Eintrages anthropogener Spurengase in die Atmosphäre und der Senkenänderungen, d. h. der Veränderungen möglicher „Auffangbecken" anthropogener Spurengase, so wird der Gesamtzusammenhang zwischen Gasgehaltsänderungen in der Atmosphäre und Klimaänderung im System deutlich. Es ist vor allem die verstärkte Energieerzeugung durch Verbrennung fossiler Energie, die Intensivierung der Landwirtschaft über intensivere Düngung, Massentierhaltung und die Ausdehnung von Naßreiskulturen, die zunehmend mit dem Kraftverkehr zu Quellenänderungen führt, d. h. zunehmend klimawirksame Spurengase in die Atmosphäre einträgt. Diese Prozesse werden etwa durch Bodenerosion und Veränderung der Bodenatmung verstärkt. Als Resultat ist eindeutig ein Anstieg des Gehaltes an klimawirksamen Spurengasen in den unteren Atmosphärenschichten festzustellen. Allerdings vermögen heute noch einige sehr wirksame Senken ca. 50 % des vom Menschen zusätzlich in die Atmosphäre eingetragenen CO_2 zu binden. Hier ist in erster Linie der Ozean zu nennen. Die Aufnahmefähigkeit des Ozeans für CO_2 wird sich allerdings langfristig auf eine Rate von 20 % des anthropogenen Eintrags verringern. Zudem hängt die Aufnahmefähigkeit des Meeres für CO_2 von seinen Oberflächentemperaturen ab. Bei Kaltwasserphänomenen auf der Meeresoberfläche können die Meere mehr CO_2 einbauen, als wenn etwa während eines El

Niño-Jahres die Oberflächentemperaturen des Pazifischen Ozeans vor der Küste Ecuadors und Perus unverhältnismäßig hoch sind. Eine weitere wichtige Senke gerade für CO_2 stellt die Biomasse der Erde dar. Die Abholzung tropischer Regenwälder, die eine große Aufnahmefähigkeit für CO_2 besitzen, weil sie ganzjährig

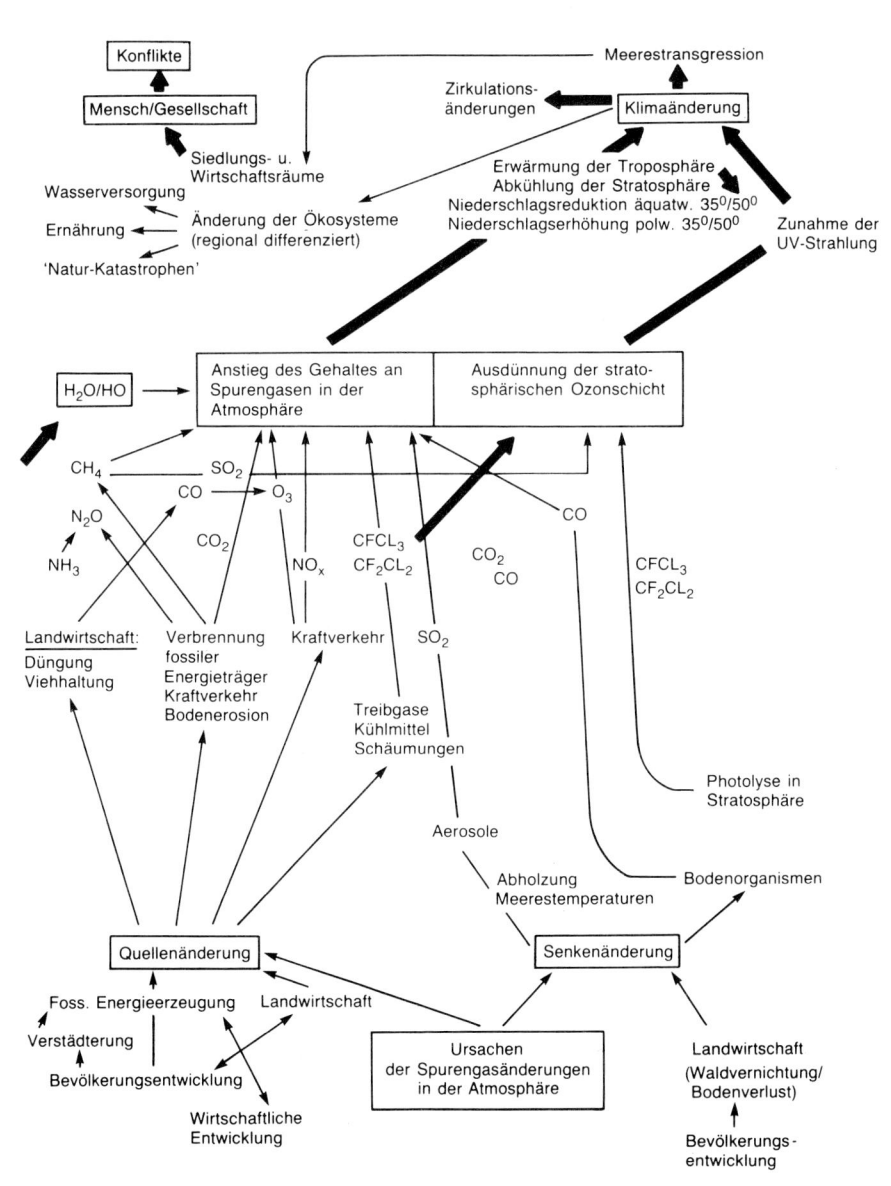

Abb. 4: Spurengasänderungen in der Atmosphäre, Quellen, Senken und Folgen

Stoffproduktion leisten, könnte die Senkenwirkung der Biomasse reduzieren. Dies würde bedeuten, daß auch von dieser Seite mehr anthropogenes Kohlendioxid in der Atmosphäre verbleibt als gegenwärtig. Der mit Abholzungsprozessen einhergehende Humusverlust, der etwa auch durch Erosionserscheinungen in unseren Gebirgen auftritt, setzt zusätzlich CO_2 in die Atmosphäre frei. In der Zukunft ist also zu erwarten, daß die Aufnahmefähigkeit der Ozeane und der Biomasse für anthropogenes Kohlendioxid reduziert ist und daher ein größerer Anteil des anthropogenen Kohlendioxids als gegenwärtig klimawirksam in der Atmosphäre verbleibt. Einhergehend mit der Anreicherung von Spurengasen in der unteren Atmosphäre, die im Mittel erwärmend wirkt, geht eine Schädigung des Ozonschirms der Stratosphäre vor allem in den Südpolarbereichen einher, wodurch eine Zunahme der UV-Strahlung in den unteren Atmosphärenschichten zu registrieren ist. In der Summe ist als Wirkung eine Erwärmung der Troposphäre bei Abkühlung der Stratosphäre festzuhalten. Diese Klimaänderungen werden großräumige Änderungen in der atmosphärischen Zirkulation nachsichziehen und durch Beeinflussung der Inlandvereisungen und höhere Meerestemperaturen ebenfalls einen leichten Meeresspiegelanstieg bewirken. Die Klimaänderungen werden regional sehr differenziert sein, woraus sich regionale Konflikte des Menschen und der Gesellschaft abzeichnen. Die Ausdünnung der Ozonschicht der Stratosphäre könnte jedoch für das Leben auf der Erde wesentlich gravierendere Folgen haben als die Erwärmung der unteren Atmosphärenschichten. Die UV-Strahlung, welche heute größtenteils durch chemische Reaktionen in der Stratosphäre unter Bildung von Ozon absorbiert wird, wirkt nämlich auf die Desoxyribonukleinsäuren der Lebewesen mutierend. Ohne die Bildung eines UV-Schutzschirmes in der Stratosphäre wäre die Entwicklung des gegenwärtigen Lebens auf der Erde wohl kaum möglich gewesen. Auch wird davon ausgegangen, daß eine vermehrte UV-Strahlung die Hautkrebsraten bei Menschen steigern wird. Für die Vertiefung und Ausdehnung des an sich im Winterhalbjahr natürlichen sogenannten Ozonlochs über der Antarktis wird teilweise die Steigerung des N_2O-Gehaltes der Atmosphäre als Folge der erhöhten Düngung verantwortlich gemacht. Dieser N_2O-Eintrag führe zu einer Erhöhung des NO-Gehaltes und damit zu einer Zerstörung von Ozonmolekülen. Ein Schwergewicht der Diskussion über die Ausdehnung und Vertiefung des Ozonlochs in der Atmosphäre über der Antarktis liegt jedoch in der Änderung des Gehalts der Atmosphäre an Chlorfluorkohlenwasserstoffen begründet. Die Ausdünnung des Ozonschutzschildes in der Atmosphäre über der Antarktis ist durch Messungen der Satelliten Nimbus 4 und Nimbus 7 sowie einiger Ozonmeßstationen am Boden relativ gut belegt, wenn auch die Messungen nur indirekter Natur sind. Danach ist der Ozongehalt des Oktober seit 1979 über der Antarktis beständig zurückgegangen. Normalerweise erreicht die Ozonmenge über der Antarktis im Oktober ihr Minimum. Der

Ozongehalt vermindert sich bis dahin von seinem Maximum „de natura" um 0,6 % pro Tag in Höhen zwischen 12 und 20 km. Gleichzeitig sinken mit der Polarnacht die Temperaturen und verstärkt sich ein Polarwirbel bei starkem Anstieg von Schwefelsäurekonzentrationen der sogenannten „Polar statospheric clouds". Dies verhindert den Transport von Ozon aus äquatorialen Breiten in polare Regionen. Dazu kommt der Strahlungsausfall während der Polarnacht. Die Bildung des Ozonlochs ist demnach ein natürlicher Ablauf im Jahresgang des Ozongehaltes über der Antarktis und auch der Arktis. Erst im November und Dezember bricht der Polarwirbel zusammen und kommt wieder ein Luftmassenaustausch mit niederen Breiten zustande, der den Ozongehalt in der Stratosphäre über dem Südpol ansteigen läßt. Bis 1987 war nun der Minimalwert der Ozonkonzentration während des antarktischen Frühlings um ca. 40 % gesunken. Auch hatte sich der Minimalbereich flächenmäßig stetig ausgedehnt und bereits 1985 die gesamte Fläche der Antarktis bedeckt. Zur Erklärung der Vertiefung und Ausweitung des Ozonlochs während des antarktischen Frühlings wurden zunächst eine Vielzahl von Hypothesen angeführt. Als natürliche Ursache kämen verstärkte Vulkantätigkeiten und Schwankungen der Sonnenaktivitäten in Betracht. Am wahrscheinlichsten ist jedoch die „anthropogene Hypothese" des Ozonabbaus durch Chlorfluorkohlenwasserstoffe. Wegen ihrer langsamen Zerfallsgeschwindigkeit gelangen sie in die Stratosphäre. Licht spaltet von ihnen dort Chlor-Atome ab. Vereinfacht ausgedrückt lagern sich die Cl-Atome dann während der Polarnacht an die „Polar stratospheric clouds" an und werden mit deren Verschwinden nach Beginn des Polarfrühlings freigesetzt. Sie bewirken dann regelrechte Ozonlücken in der Stratosphäre. Der Anstieg der Chlorfluorkohlenwasserstoffe in der Atmosphäre liegt bei 3 – 5 % pro Jahr. Ihre Wirkung wird verstärkt durch die sinkenden Temperaturen in der Stratosphäre, die bereits ein CO_2-Spurengasklimasignal darstellen könnten. Die tiefen Temperaturen stören nach Crutzen die Methanbremse des Ozonabbaus. Bei höheren Temperaturen vermindert Methan nämlich gleichsam die Aggressivität der Cl-Atome. Will man nun die zukünftigen Entwicklungen der Änderungen des Spurengasgehaltes der Atmosphäre prognostizieren, so wäre für die Chlorfluorkohlenwasserstoffe der Gebrauch von Treibgasen in Sprühdosen, als Kühlmittel in Kühlschränken und zur Aufschäumung von Kunststoffen, die als Isolatoren dienen sollen, vorherzusagen. Gegenwärtig besteht eine sehr starke Tendenz der Verbannung dieser Chlorfluorkohlenwasserstoffe aus Sprühmitteln, der umweltneutralen Entsorgung von Kühlschränken und des Suchens nach Ersatzstoffen zur Aufschäumung von Kunststoffen. Sollte diese Tendenz anhalten, so würde der Eintrag anthropogenen Chlorfluorkohlenwasserstoffes in die Atmosphäre erheblich reduziert werden können. Der zukünftige Anstieg von Kohlendioxid und anderen anthropogenen Spurengasen in die Troposphäre hängt von den zukünftigen Entwicklungen der Energieerzeugung, des Kraftverkehrs und der Landwirtschaft ab. Je nachdem, welche Energieszenarien Wirklichkeit werden, kann die Klimaänderung durch die Änderungen des Spurengasgehaltes der Atmosphäre sehr verschiedene Dimensionen annehmen. Geht man davon aus, daß etwa im Jahre 2060 oder 2080 65 Terawatt Energie auf der Erde erzeugt werden müßten und dies größtenteils durch Nuklearenergie geschieht, die also die fossilen Energieträger verdrängt haben müßte, so würde der Eintrag von CO_2 in die Atmosphäre unmittelbar nach dem Jahr 2000 seinen Höhepunkt überschritten haben und danach drastisch zurückgehen. Nach Modellrechnungen, auf die später noch etwas detaillierter eingegangen wird, würde die Temperaturerhöhung auf der Erde aufgrund der Steigerungen des CO_2-Gehaltes der Atmosphäre auf 1 °C bis 2 °C beschränkt werden können. Rechnet man die übrigen klimawirksamen Spurengase allerdings mit ungehinderter Emission in die Atmosphäre ein, so würden die Temperaturen weltweit trotz der starken Reduktion der Verbrennung fossiler Energieträger immerhin noch um mehr als 3 °C ansteigen können. Falls die Nuklearenergie aufgrund verschiedenster Ursachen für die Zukunft nicht in einem derartigen Umfang zur Verfügung steht, daß sie den größten Teil der fossilen Energieträger ersetzen könnte, dann würde unter der Annahme, daß man größtenteils Kohle für die Deckung des Energiebedarfes einsetzt, der auf 50 Terawatt geschätzt sei, der CO_2-Gehalt der Atmosphäre gegen Ende des nächsten Jahrhunderts auf ca. 1500 ppm ansteigen. Selbst bei drastischen Energieeinsparungen auf 30 Terawatt Weltenergieerzeugung pro Jahr würde sich damit der Kohlendioxidgehalt der Atmosphäre gegenüber heute noch vervielfachen und die Temperatur alleine aufgrund der Steigerung des CO_2-Gehaltes der Atmosphäre durch den enormen Einsatz des fossilen Energieträgers Kohle weltweit um ca. 4 °C ansteigen. Unter Einrechnung der übrigen Spurengase wäre eine Erwärmung der bodennahen Luftschicht von mehr als 6 °C anzunehmen. Damit würde trotz 50 % reduzierter Energieerzeugung die Erwärmungswirkung bei Erzeugung der Energie überwiegend durch Kohle immerhin noch doppelt so hoch sein wie bei ungefähr doppelter Energieerzeugungsmenge überwiegend aus Kernenergieanlagen. Die Wirkung von Energieeinsparungen auf die Veränderungen des Gasgehaltes der Atmosphäre sind also bei Einsatz fossiler Energieträger und hier insbesondere der Kohle relativ gering. Würde man in Erkenntnis der Gefahr für die Atmosphäre durch Verbrennung fossiler Energieträger und in der Erkenntnis der Risiken der Nuklearenergie die Energieerzeugung der Zukunft gleichsam gemischt auf die Nuklearenergie und alternative Energien wie die Sonnenenergie verteilen, so würde Mitte des nächsten Jahrhunderts der CO_2-Gehalt der Atmosphäre auf ca. 430 ppm ansteigen. Die Temperaturanstiege auf der Erde würden sich bis zum Jahre 2050 auf ca. 1 °C beschränken können. Bei drastischen Energieeinsparungen könnte dieser Wert sogar auf unter 1 °C gesenkt werden. Rechnet man dazu die Klimawirkung der übrigen Spurengase bei allerdings erheblicher Verminderung ihrer Emission in die Atmosphäre durch verstärkten Einsatz von Gas bei der Hausbeheizung, von alternativen Treibstoffen im Kraftverkehr und durch Einschränkung von Massentierhaltung, Naßreiskulturen und ähnlicher Innovationen in der Landwirtschaft, so könnte die Temperaturerhöhung auf der Erde aufgrund des Eintrags anthropogener Spurengase weltweit insgesamt auf einen Betrag um 2 °C reduziert werden. Dies wäre ein Betrag, der wahrscheinlich noch keine größeren Umwälzungen im Klimasystem auf der Erde nach sich ziehen würde. Es wird so deutlich, daß gegenwärtig noch Weichen gestellt werden können, starke anthropogene Klimaänderungen auf der Erde zu verhindern, ohne daß die Industriegesellschaft auf die für sie notwendige Energie zu verzichten hätte. Im Mittelpunkt der Lösungsmöglichkeiten stünde in jedem Fall der weitgehende Verzicht auf die Verbrennung fossiler Energieträger bei Energieeinsparungen in den entwickelten Ländern der Erde und der Verzicht auf zu starke Senkenänderungen und zu hohe Verbrauchsraten von Holz zur Energieerzeugung in den noch nicht entwickelten Ländern der Erde.

Resümiert man die zu prognostizierenden Änderungen der Kompartimente des Klimasystems, wie sie bisher vorgestellt wurden, nämlich der Solarstrahlung und der Änderungen des Gasgehaltes der Atmosphäre, so wird klar, daß die Tendenz der Klimaänderung in der Zukunft in jedem Falle in Richtung auf eine Erwärmung zugeht, bedingt durch eine zunehmende Solaraktivität und bedingt durch zunehmende Einengungen der Ausstrahlungsfenster für langwellige Strahlung von der Erdoberfläche Richtung Weltraum.

Plötzliche und gravierende Temperaturänderungen auf der Erde können jedoch durch die *Vulkantätigkeit* zustande kommen (vgl. Schönwiese, 1986). Seit langem wird die Vulkanaktivität auf der Erde durch den sogenannten „Dust Veil Index" (DVI) abgeschätzt. Bei der Klimawirkung der Vulkaneruptionen spielen vor allem die kleineren Partikel mit großer atmosphärischer Verweilzeit und Gaspartikelumwandlungen, so die Sulfatbildung, eine entscheidende Rolle. In dem „Dust Veil Index" nach Lamb werden die großen Vulkanausbrüche der Neuzeit, so des Jahres 1954 auf Java, des Ausbruches des Tambora im Jahre 1815, extremer Vulkantätigkeit des Jahres 1835 in Nicaragua, der Ausbruch des Krakatau im Jahre 1883, der Ausbruch des Gunung Agun im Jahre 1963 und der jüngste Ausbruch des El Chichon im Jahre 1982 nachgezeichnet. Andere Vulkanaktivitätsmessungen wie der SVI (der Smithonian Vulkan Index) und der AI (Acidity Index aus den Eisbohrkernen Grönlands) zeichnen in der Gesamttendenz etwas andere Kurven, aber mit ähnlichen Spitzen wie der „Dust Veil Index" von Lamb nach. Der Acidity Index beruht auf dem Zusammenhang zwischen Wasserstoffionengehalt der Jahrringschichten des Grönländischen Inlandeises und der Vulkanaktivität auf der Erde. Bei dem Vergleich der Entwicklung der Temperaturen auf der Nordhemisphäre mit den verschiedenen Indizes der Vulkantätigkeit zeigen sich nach

Schönwiese (1986) langfristig und großräumig signifikante Beziehungen. So kann man die Kaltphasen der sogenannten Kleinen Eiszeit der vergangenen Jahrhunderte zumindest partiell auf extreme Vulkanaktivitäten zurückführen. Die Abb. 5 zeigt die Schwankungen der solarthermischen Sommerwitterung etwa zwischen 1800 und 1950 für das Rheingaugebiet bei Rauental, ermittelt über die Weinqualitäten der einzelnen Jahrgänge, in Zusammenhang mit der Vulkanaktivität, gemessen über den Säuregehalt des Grönländischen Inlandeises. Nach einer relativ warmen Phase um 1810 gingen die Temperaturen und die Solarstrahlung im Rheingaugebiet deutlich zurück. Offenbar wurde dieser Rückgang durch den Ausbruch des Tambora, mit einem zweigipfligen Säuremaximum im Grönländischen Inlandeis nachgewiesen, erheblich verstärkt und fluktuierte die Temperatur auch gleichsam analog dem Säureeintrag des Vulkanausbruches in die Atmosphäre. Wirken in der Zukunft also Solaraktivität und Atmosphärenänderungen in jedem Fall positiv auf die Temperaturen ein, so werden Vulkanausbrüche sich global negativ auf das Temperaturniveau auswirken können. Ihre Stärke kann sogar einen anthropogen bedingten Temperaturanstieg oder einen solar induzierten

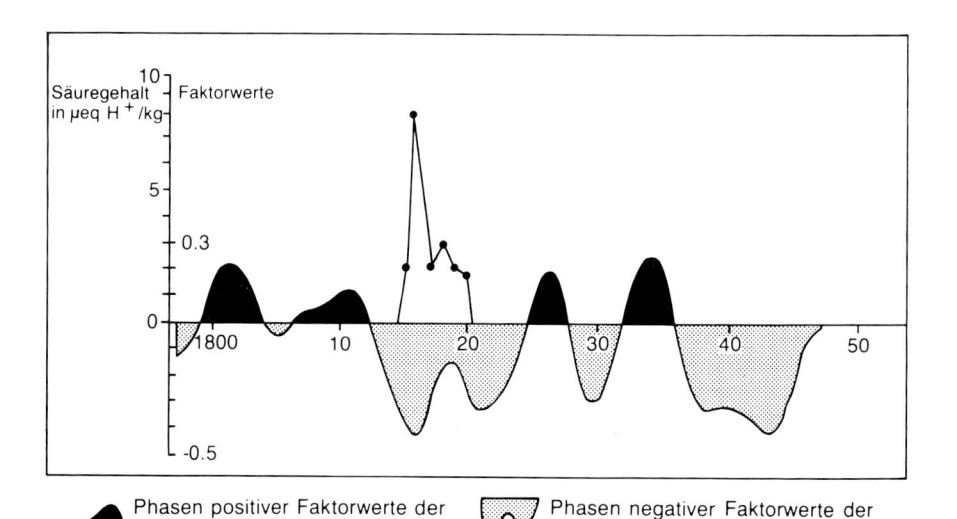

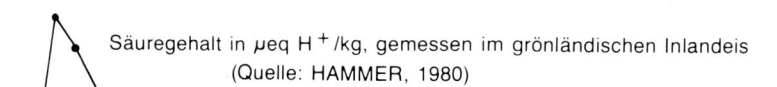

Abb. 5: Zeitreihe der solarthermischen Sommerwitterung des Rheingaugebietes bei Rauenthal mit der Verlaufskurve des im grönländischen Inlandeis gemessenen Säuregehaltes nach Ausbruch des Vulkans Tambora/Indonesien im Jahre 1815 (nach Lauer und Frankenberg, 1986)

Temperaturanstieg kurzfristig weitgehend maskieren. Will man jedoch Prognosen der Vulkantätigkeit und ihrer Wirkung auf das Klimageschehen für die nächsten Jahrhunderte oder Jahrtausende geben, so muß man vollständig „passen". Die Vulkanaktivitäten hängen mit den Plattenbewegungen des Systems der Ozean- und Kontinentalplatten auf der Erde zusammen, die keinen bisher prognostizierbaren Gesetzen folgen. Die Vulkantätigkeit ist eine erhebliche Störvariable aller möglichen Klimaprognosen.

Eine erheblich klimaändernde Wirkung geht jedoch vom Menschen nicht nur über den Eintrag „seiner" Spurengase in die Atmosphäre aus, sondern seit dem Neolithikum auch durch die *Veränderung der Erdoberfläche.* Indem der Mensch die Erdoberfläche umgestaltet, ändert er ihre Reflexionseigenschaft gegenüber der einkommenden kurzwelligen Sonnenstrahlung und beeinflußt damit den bodennahen Energiehaushalt. Durch Umgestaltung der Biomasse und des Bodens verändert er jedoch auch die Relationen der Umwandlung solarer Strahlung in langwellige fühlbare Wärme bzw. in latente Wärme, wie sie sich durch Verdunstung von Wasser bildet. Jede Reduzierung der Biomasse bedeutet eine Reduktion der Transpiration und damit eine Reduktion der Überführung solarer Energie in latente Wärme, wodurch der Anteil an fühlbarer Wärme in der Atmosphäre steigt. Diese fühlbare Wärme ist es, die wir als °Celsius oder Kelvin in der Atmosphäre als Lufttemperatur messen. Auch verändert der Mensch mit der Veränderung der Oberfläche die Rauhigkeit derselben etwa gegenüber Winden. Die gewaltigen Veränderungen der Oberfläche der Erde durch die Rodungen in Mittel- und Westeuropa seit dem Neolithikum oder die Inkulturnahme weiter Flächen der Sahel- und Sudanzonen in Westafrika, meist notgedrungen unter starkem Bevölkerungsdruck geschehen, wirken demnach ebenfalls deutlich auf das Klima ein und werden auch in Zukunft starke Veränderungen des Klimas nicht nur in regionalem Rahmen nach sich ziehen. Die Tendenz geht dabei in Richtung einer Erhöhung der Oberflächenalbedo gegenüber der kurzwelligen Sonnenstrahlung. Die Abb. 6 zeigt entsprechende Albedoveränderungen im westlichen Senegal, wie sie im Jahre 1973, also während der extremsten Phase der Saheldürre, durch ein Landsat-Satellitenbild haben festgehalten werden können. Die Albedowerte sind nicht sonnenstandskorrigiert und in toto zu hoch, in Relation aber durchaus realistisch. Es wird deutlich, daß die alten Waldgebiete bei Thiès, welche als Typ früher das Gesamtgebiet bedeckt haben, Albedowerte von unter 32 % zeitigen. Weniger als 32 % der einkommenden solaren Strahlung wurde in der Trockenzeit wieder kurzwellig in den Weltraum reflektiert. Vergleichen wir damit das andere Extrem, nämlich die aus den ursprünglichen Wäldern hervorgegangenen großflächigen Erdnußfeldbrachen im Binnenland mit Reflektionswerten, die das Doppelte der ursprünglichen Reflektion der relativ dichten Wälder des westlichen Senegal ausmachen, so wird deutlich, daß heute weitflächig in der Sahel- und

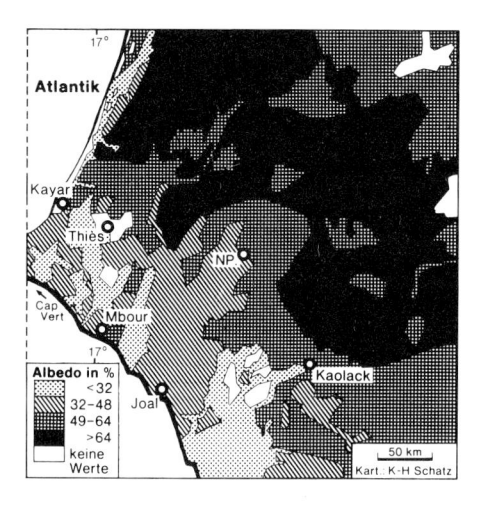

Abb. 6: Albedokarte des westlichen zentralen Senegal nach einer Landsatszene vom 16. April 1973, ermittelt über ein Photosensorverfahren.
(aus: Frankenberg, 1985)

Sudanzone mitunter doppelt so viel Energie kurzwellig in den Weltraum zurückgestrahlt wird wie vor der intensiven Inkulturnahme dieser Landschaft durch den Menschen. Damit geht dem System Erde/Atmosphäre in dieser Region die Hälfte der möglichen Solarenergie verloren. Die Auswirkungen auf den Wärmehaushalt sind durchaus verschieden zu sehen. Die zweite Wirkung der Biomassenreduktion im westlichen Senegal auf den Strahlungshaushalt ist nämlich die deutliche Reduktion der Verdunstung und damit die Tatsache, daß weniger Solarenergie in latente und mehr Solarenergie in fühlbare Wärme überführt wird. Analysiert man die Folgen für die Oberflächentemperaturen im westlichen Senegal, so zeigt sich, daß in den relativ trockenen Gebieten des nördlichen Senegal die Veränderung der Erdoberfläche durch den Menschen, ausdrückbar in einer Reduktion an Biomasse und an Bodenbedeckung durch Pflanzen, sich in einer Abkühlung niederschlägt: als Folge des höheren Anteils reflektierter kurzwelliger Strahlung von der Sonne. Diese bodennahe Abkühlung verstärkt Absinktendenzen und vermindert Niederschlagsbildung. Dadurch ist ein Selbstverstärkungseffekt von Dürren möglich. In den südlicheren Gebieten des Senegal mit ursprünglich dichterer Biomasse führt die Reduktion der Biomasse jedoch nicht zu Abkühlungen wie in den nördlichen Gebieten, sondern zu Erwärmungstendenzen. Hier überwiegt die Verminderung der Ströme latenter Wärme und die Verstärkung der Ströme fühlbarer Wärme durch die Reduktion der Transpirationsleistungen der Biomasse. Die Temperaturen steigen in diesen Räumen demnach bodennah an. So führen die Oberflächenveränderungen durch den Menschen auf der Erde zu wesentlichen Temperaturänderungen, die sowohl Abkühlung als auch Erwärmung bedeuten können. Die Abkühlungs- und Erwärmungsbeträge der unmittelbaren Bodenoberflächentemperaturen liegen dabei in den Randtropen des Senegal bei bis zu

20 °C. Die Dimensionen der Temperaturänderungen durch die Eingriffe des Menschen in die Erdoberfläche sind also auch global nicht vernachlässigbar klein. Will man eine Prognose der Änderungen dieses Teilkompartimentes unseres Klimasystems wagen, nämlich der Entwicklung der Oberflächenstruktur der Erde durch Einwirkung des Menschen, so wird man wohl prognostizieren können, daß der Mensch immer weitere Gebiete landwirtschaftlich nutzt und in der Tendenz die Albedowerte steigen, d. h. mehr Energie kurzwellig in den Weltraum zurückgeworfen wird als dies bei dem gegenwärtigen Zustand der Erdoberfläche oder sogar seinem prähumanen natürlichen Zustand der Fall gewesen ist. Die Temperaturwirkungen dieser Albedoveränderungen sind jedoch, wie am Beispiel des Senegal belegt werden kann, durchaus ambivalent. Global kann man eventuell eine leichte Verringerung der Bodenoberflächentemperaturen durch diese Maßnahmen des Menschen vermuten. In der Tendenz werden die heute relativ trockenen Gebiete bodennah deutlich kühler und die heute humiden, biomassenreichen Gebiete, bodennah wärmer sein, als sie es heute sind. Hier zeigt sich, wie stark die zukünftigen Klimaänderungen regional differieren.

Betrachten wir nun die *Kryosphäre* und ihre zukünftigen Änderungen im Zusammenhang mit anderen Änderungen des Klimasystems der Erde, so muß zunächst einmal betont werden, daß die Kryosphäre in näherer Zukunft wahrscheinlich keine Eigendynamik in Richtung auf Klimaänderungen entwickelt, sondern auf initiale Klimaänderungen reagiert und damit zu Verstärkungs- oder Abschwächungstendenzen der Temperatur- und Niederschlagsveränderungen auf der Erde beiträgt. Wilson hatte angenommen, daß Eis-Surges von der Antarktis selbständige quasi zyklische Ursachen für Klimaänderungen auf der Erde darstellten, indem die von der Antarktis abgleitenden Eismassen erst abgetaut und verflüssigt werden müssen. Der entsprechende Energieverbrauch führte zu erheblichen globalen Abkühlungen. Derartige Eis-Surges sind in der Zukunft nicht ausgeschlossen, aber kaum prognostizierbar. Betrachtet man die durch die Änderungen des Spurengasgehaltes in der Atmosphäre für die nächsten Jahrhunderte wahrscheinlichen Temperaturanstiege auf der Erde, so wird nach Modellrechnungen von Parkinson und Kellog (1979) das arktische Meereis dann in den Sommermonaten Juli und August weitgehend abtauen. In diesen Monaten erreicht es gegenwärtig eine Mächtigkeit von nahezu vier Metern in seinem Kern. In den übrigen Monaten des Jahres wird die Meereisbedeckung ähnlich wie sie heute existiert fortdauern. Das Abtauen des Meereises wird keinen Meeresspiegelanstieg zur Folge haben, da das abtauende Eis so viel Wasser in die Meere einträgt, wie es selbst vorher verdrängt hat. Es wird jedoch zu erheblichen Änderungen in der Strahlungsbilanz im Bereich des Nordpoles kommen. Die Reflektionseigenschaft des Eises unterscheidet sich gegenüber der kurzwelligen Sonnenstrahlung nämlich erheblich von der Reflektionseigenschaft einer nicht von Eis bedeckten sommerlichen Wasseroberfläche. Der kurzwellige Energieeintrag in den Nordpolarbereich wird in den Sommermonaten gegenüber heute vervielfacht sein. Damit werden bei einer initialen Erwärmung durch die Erhöhung des Spurengasgehaltes der Atmosphäre vor allem die Temperaturen im Nordpolarbereich markant ansteigen. Es werden eben in den Sommermonaten, wenn das Eis kurzfristig von der Nordpolarkappe verschwindet, nicht mehr 80 % der kurzwelligen Strahlung reflektiert, sondern vielleicht nur noch 20 %. Der Energiegewinn wird in Erwärmung des Wassers und damit auch in Erwärmung der Luft umgesetzt werden. Die Temperaturen im Nordpolarbereich werden damit in den beiden Sommermonaten kurzfristig sprunghaft auf ein heute noch nicht gekanntes Niveau ansteigen. Mit dem jahreszeitlich kurzen Verschwinden des Nordpolareises nach einer initialen Erwärmung aufgrund des verstärkten Eintrages von Spurengasen in die Atmosphäre wird sich vor allem die Sommerzirkulation der Atmosphäre drastisch umstellen. Die Atmosphärische Zirkulation ist eingebunden in das Temperaturgefälle Äquator-Pol und versucht, dieses teilweise auszugleichen. Veränderungen der Eismasse an einem der Pole müssen daher erhebliche Änderungen in der Zirkulation der Atmosphäre nach sich ziehen. Für den Menschen auf der Erde ist allerdings die Frage nach möglichen Änderungen des Meeresspiegels durch Änderungen der Inlandvereisungen und der Gebirgsgletscher wesentlicher, als ihm drastische Erwärmungen im Nordpolarbereich erscheinen mögen. Es wird für die Zukunft angenommen, daß die großen Eisschilde der Antarktis und von Grönland sich in ihrem Volumen auch bei stärkerer Erwärmung der Erde nicht wesentlich ändern werden. Es ist ja sogar möglich, daß die höheren Temperaturen in der Atmosphäre und der damit zusammenhängende höhere maximale Wasserdampfgehalt zu größeren Schnee-und Eisakkumulationen auf den gegenwärtigen Eisschilden der Erde führen. Es gibt ja sogar Forscher, die annehmen, daß der Beginn einer Kaltzeit gleichsam durch eine Warmzeit mit hohen potentiellen Schnee- und Eisakkumulationen in sensitiven Zentren auf der Erde zusammenhängen könnte. Die kleineren Eissysteme auf der Erde, nämlich unsere Gebirgsgletscher, werden allerdings aufgrund einer Erwärmung der Erde, wie sie durch den anthropogenen Eintrag von Spurengasen in die Atmosphäre angenommen werden kann, zurückschmelzen. Sie reagieren jeweils recht schnell auf Temperaturänderungen in der Atmosphäre. So ist das starke Rückschmelzen der Gletscher der tropischen Gebirge von Flohn bereits als ein Indikator der Erwärmung der Atmosphäre unseres Himmelskörpers aufgrund des verstärkten Eintrages anthropogener Spurengase gedeutet worden. Auch stellt man bereits seit langer Zeit einen Anstieg des Meeresspiegels fest. Mit der jüngsten bekannten ausgesprochenen Warmzeit auf der Erde, dem sogenannten neolithischen Klimaoptimum, ging auch eine Meerestransgression, die sogenannte Flandrische Transgression einher. In Analogie dazu kann ein Meeresspiegelanstieg für die

Zukunft der nächsten Jahrhunderte von maximal einem bis zwei Metern vermutet werden. Er resultierte aus dem Zurückschmelzen der Gebirgsgletscher als Folge initialer Erwärmungen durch den verstärkten Eintrag anthropogener Spurengase in die Atmosphäre und durch eine verstärkte Solaraktivität sowie aus einer Volumenzunahme des Meereswassers bei seiner Erwärmung. Es ist jedoch zu bedenken, daß derartige Erwärmungen immer wieder durch Vulkanausbrüche unterbrochen oder sogar in ihr Gegenteil verkehrt werden können. Die Gesamttendenz werden Vulkanausbrüche wohl nicht verhindern oder maskieren können. Ein Meeresspiegelanstieg von zwei Metern beträfe vor allem die küstennahen Gebiete intensiver Besiedlung wie in den Niederlanden oder in Bangladesch. Hier drohen große Siedlungs- und Wirtschaftsräume für die Zukunft verloren zu gehen.

Der *Ozean* selber ist eines der wichtigsten Glieder des Klimasystems auf der Erde. Er reagiert in seinem gesamten Energieverhalten jedoch wesentlich träger als die Atmosphäre und verzögert daher jede Erwärmungswirkung oder Abkühlungswirkung mitunter über Jahrhunderte. Es kann angenommen werden, daß nach initialen Erwärmungen etwa durch Änderungen der Solarstrahlung oder Änderungen der Zusammensetzung der Atmosphäre die oberen Schichten des Ozeans erst mit einer dreijährigen Verzögerung auf diese Erwärmungen reagieren und daß die Oberflächentemperaturen erst nach 16 Jahren voll auf eine Erwärmung der Atmosphäre reagiert haben werden. Bis sich diese Temperaturänderungen in die Tiefen des Ozeans fortgepflanzt haben, können Jahrhunderte und Jahrtausende vergehen. Da die Ozeane selbst vor allem über ihre Meeresströmungen und ihre Oberflächentemperaturen als „Heizung" oder auch als „Klimaanlage" der Atmosphäre reagieren, werden Änderungen der Temperaturen der Atmosphäre aufgrund des langen energetischen Gedächtnisses der Ozeanmassen erst sehr verzögert eintreten. Insofern kann man derzeit auch kaum vermuten, daß die bisherige Steigerung des CO_2-Gehaltes der Atmosphäre schon eine deutliche Wirkung auf die globalen Temperaturen gezeitigt haben könnte. Der Ozean spielt jedoch in einer anderen Hinsicht eine wesentliche Rolle: in der Verstärkung der zukünftigen Erwärmungstendenz unseres Klimas. Er beeinflußt nicht nur durch seine Oberflächentemperaturänderung die Möglichkeit der Aufnahme von CO_2, damit gleichsam die Möglichkeit einer Abpufferung der Klimawirkung anthropogener Spurengase, sondern seine Erwärmung würde zu einer erheblichen Steigerung der Verdunstung von Ozeanwasser führen und dieser verstärkte Eintrag an Wasserdampf in die Atmosphäre könnte eine entscheidendere Einengung der Ausstrahlungsfenster langwelliger Energie von der Erdoberfläche bedeuten als der ursprüngliche verstärkte Eintrag anthropogener Spurengase. Gerade die Verstärkung der Verdunstung von Ozeanwasser durch initiale Erwärmungen wird erst den Erwärmungszyklus auf der Erdoberfläche in seiner vollen Wirksamkeit in Gang setzen. Es ist jedoch auch zu bedenken, daß der Ozean in seinen Meeresströmungen, in seiner Salinität und in seinen Oberflächentemperaturen quasi eigenen Gesetzlichkeiten gehorcht, die zwar mit dem Klimasystem zusammenhängen, dieses jedoch in der Wirkung stärker beeinflussen als umgekehrt. So lagen die Oberflächentemperaturen des Atlantischen und Pazifischen Ozeans auf der Nordhalbkugel unserer Erde nach Oort et alii (1987) vor ca. 90 Jahren um 1°C unter den heutigen Werten und um deutlich mehr als 1°C unter den Werten der 40er und 50er Jahre unseres Jahrhunderts. Wenn wir nun bedenken, daß gerade nach Mitteleuropa und Westeuropa ein großer Teil der Luftmassen, die den Temperaturgang des Jahres prägen, von dem Atlantischen Ozean durch die Westwinddrift in den Kontinent eingetragen wird, so bedeuten Temperaturänderungen des Ozeans um 1 oder mehr als 1°C entsprechende Änderungen der Temperaturen der von ihm auf das Land transportierten Luftmassen und damit entsprechende Temperaturänderungen an Land. Somit üben Änderungen der Oberflächentemperatur des Ozeans gerade auf die maritimen Breiten der Westwindgürtel unserer Erde enorme Temperaturwirkungen aus. Ähnlich wie unsere Wirtschaft, so „lebt" ja auch das Wetter Westeuropas mehr von Luftmassenim- und -exporten als vor allem während des Winterhalbjahres von der reinen Strahlungsbilanz. Für unser regionales westeuropäisches Wetter werden also Änderungen in der Temperatur der Ozeane und vor allem Änderungen in den Ozeanströmungen, wie sie globalen Änderungen der Zirkulation der Atmosphäre und Temperaturänderungen folgen werden, nachhaltigste Wirkungen auf unser Klima zeitigen. Nehmen wir etwa an, daß der Golfstrom einen anderen Weg nimmt als heute, so könnte bei globaler Erwärmung Westeuropa seiner "Warmluftheizung" verlustig gehen und daher durchaus Abkühlungstendenzen unterliegen. Die Ozeane üben eine enorme Wirkung auf das Klimasystem der Erde aus, weil sie mit ihren Strömungen große Teile des Energiegefälles Äquator-Pol ausgleichen. Änderungen des Klimakompartiments Ozean wirken regional mit größter Schärfe. Sie stehen in einem engen Wechselwirkungszusammenhang mit Änderungen in der Atmosphäre. Eine Prognose der zukünftigen Meeresoberflächentemperaturen in ihren regionalen Mustern und vor allem eine Prognose der zukünftigen Richtungen und Stärke der bisherigen Meeresströmungen ist jedoch bislang kaum gelungen. Die Komplexität der Wechselwirkungen zwischen Ozean und Atmosphäre kann am Beispiel des El Niño-Phänomens in Zusammenhang mit Dürren in Nordostbrasilien (vgl. Abb. 7) andeutungsweise exemplarisch vorgestellt werden. Am Beginn beider Phänomene steht eine starke Ausprägung des südostpazifischen Hochdruckgebietes. Der resultierend starke Humboldtstrom lenkt das äquatoriale Warmwasser in den Zentralpazifik zurück. Schwächt sich nun dieses südostpazifische Hoch ab, so vermag ein inzwischen aufgebauter Warmwasserberg im äquatorialen Pazifik als Gegenstrom an die peruanisch-ecuadorianische Küste zu branden. Dort sind dann die Meeresoberflächentemperaturen verglichen mit den ansonsten vorherrschenden kalten Auftriebswassern relativ hoch. Damit gehen exzessive Niederschläge in dem ansonsten ariden ecuadorianisch-peruanischen Küstenraum einher. Der verschärfte Temperaturkontrast Äquator – Pol regt nun auch die Ver-

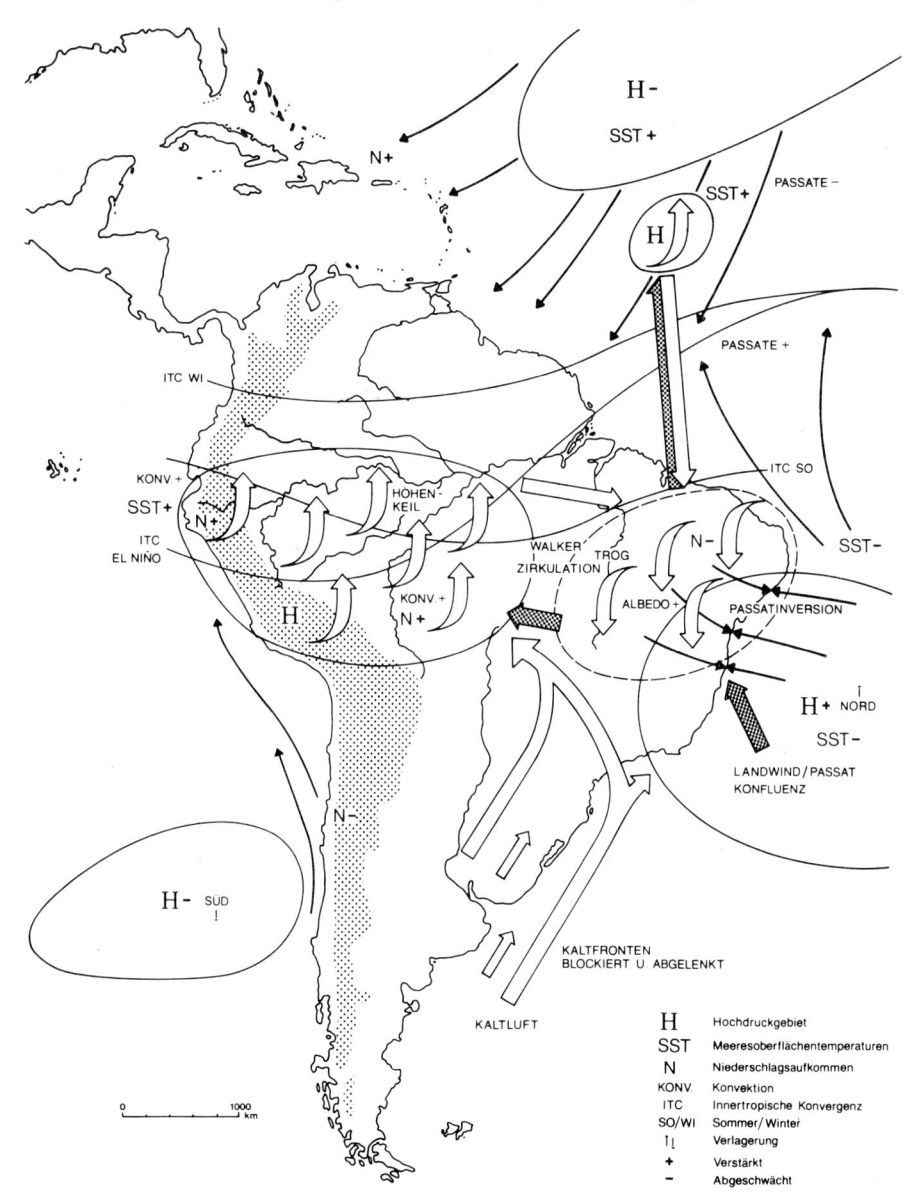

Abb. 7: Schema der atmosphärischen Zirkulation und der Ozeanbedingungen zur Erklärung der Dürre in Nordostbrasilien bei El Niño-Ereignissen (aus Frankenberg, Rheker, 1988)

stärkung des südatlantischen Hochdruckgebietes an. Damit wird die ITC, die innertropische Konvergenzzone der Passate, über Südamerika blockiert. Sie erreicht mit ihren Niederschlägen Nordostbrasilien in dem entsprechenden Südsommer nicht mehr. Das verstärkte südatlantische Hoch regt nun den Benguela-Strom an. Kaltwasser dringt in den zentralen Atlantik ein. Die auflandigen Passate sind wegen der geringeren Meeresverdunstung als Folge der abgesenkten Meerestemperaturen weniger wasserdampfhaltig, womit die Tendenz zu zunehmender Aridität in Nordostbrasilien verstärkt ist. Meist schwächt sich dann das nordatlantische Hochdruckgebiet ab. Damit geht eine Reduzierung der Aktivität der Kanaren-Strömung einher und die Meeresoberflächentemperaturen des Nordatlantik steigen an. Dies führt zu aufsteigenden Luftbewegungen im Bereich von 5 – 10 °N mit einem absteigenden Kompensationsast über Nordostbrasilien mit seiner hohen Albedo, d. h. starker Reflexion kurzwelliger Strahlung, die Absinktendenzen der Luftmassen bedingt. Diese Absinktendenz verstärkt die Dürre in Nordostbrasilien. Ein zweiter entsprechender Ast entwickelt sich über dem stark transpirierenden Amazonas-Regenwald als Quelle latenter Wärme und dem Nordosten Brasiliens. Der aufsteigende Atmosphären/Zirkulationsast über dem Amazonasgebiet wird begleitet von aufsteigenden Strömen fühlbarer Wärme über der Heizfläche des Aldiplano in Bolivien und von starken Strömen latenter Wärme über dem warmen El Niño-Meeresgebiet vor der Küste Ecuadors und Perus. Entsprechend verstärkt sind die abwärtigen Bewegungen der Luft über dem Nordosten Brasiliens. Auch dies verstärkt dort die Dürre weiter. So ist eine Ursache der Aridität Nordostbrasiliens in einer Zirkulation mit aufsteigendem Ast über dem stark transpirierenden Regenwald Amazoniens und mit Kompensationsabstieg der entsprechenden Luftmassen über Nordostbrasilien zu suchen. Damit wird klar, wie sehr die klimatischen Verhältnisse in Nordostbrasilien von der Biomasse und ihrer Transpirationsleistung im Amazonas-Regenwald abhängen und wie stark dortige Änderungen in der Biomasse und in der Oberflächenstruktur weitreichende Folgen für die Zirkulation der Atmosphäre im nördlichen Teil des südamerikanischen Kontinentes haben. Vor der Küste Nordostbrasiliens wirken die niedrigeren atlantischen Meerestemperaturen als Folge des angeregten Benguela-Stromes nicht nur reduzierend auf die Verdunstung in die Passate, sondern sie schwächen wegen des geringeren Temperaturkontrastes Land/Meer die nächtlichen Landwinde ab, die in der Regel bei ihrer Konfluenz mit den Passaten zu nächtlichen Niederschlagsmaxima führten. Die Niederschlagsverhältnisse in Nordostbrasilien stehen demnach in sehr engem Zusammenhang zu den Meeresoberflächentemperaturen im Atlantik, aber auch im pazifischen Ozean. Die Veränderungen von Meeresoberflächentemperaturen und Meeresströmungen in ihrer Aktivität und Reichweite wirken nachhaltig auf das Klimageschehen an Land. Es ist daher wesentlich, im Modell des zukünftigen Klimas die atmosphärische Zirkulation mit der Zirkulation der Ozeane zu koppeln. So werden heute in der Regel sogenannte „ozeangekoppelte atmosphärische Zirkulationsmodelle" errechnet, wenn man die Wirkung der Variierung eines Teilkompartimentes unseres Klimasystems in der Zukunft auf das Gesamtsystem modellhaft abschätzen will.

3. Klimamodelle und ihre Aussagefähigkeit für die Zukunft

Die Komplexität des Klimas ist so groß, daß selbst ein mehrdimensionales Modell kaum die Variabilität aller hier in ihren Schwankungen betrachteten Teilkompartimente des Klimasystems beinhalten kann. Einfache multivariate Modelle können jedoch versuchen, die Einflüsse der Wandlungen einzelner Teile des Klimasystems auf einzelne Klimaelemente abzuleiten. So versuchte Gilliand (1982) die Schwankungen der Lufttemperaturen auf der Nordhalbkugel zwischen 1880 und 1980 durch eine Vielzahl von Einflußgrößen des Klimasystems zu erklären. Er versuchte eine Approximation des tatsächlichen Verlaufs der Temperaturfluktuationen (vgl. Abb. 8) an einen modellierten Verlauf. Dabei konnten

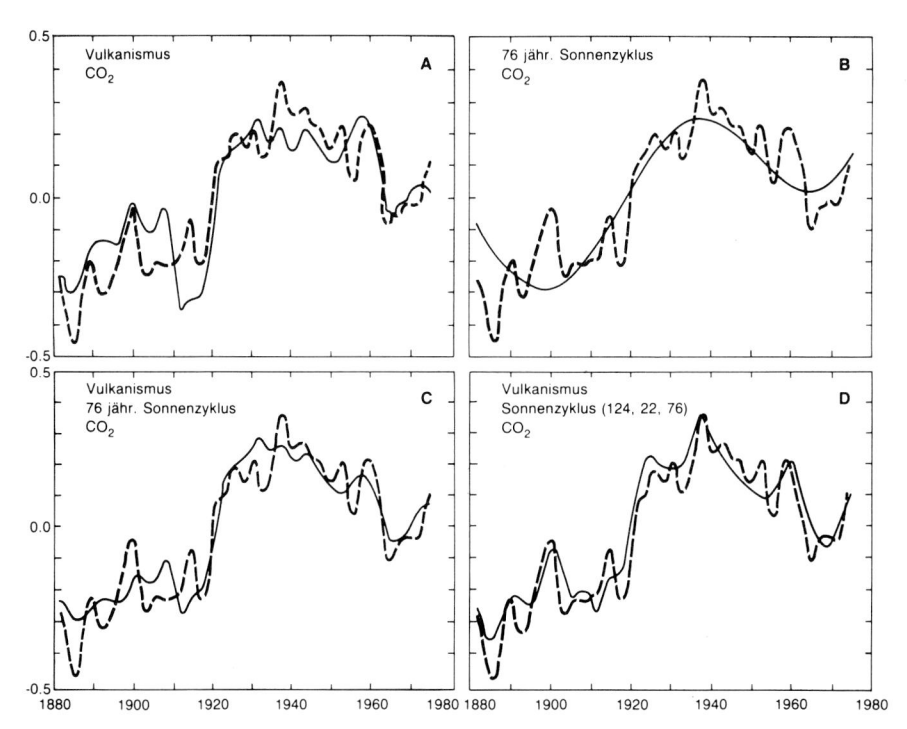

Abb. 8: Berechnete Temperaturen (fette Kurve) nach verschiedenen, angenommenen externen Einflußgrößen versus beobachtete nordhemisphärische Temperaturmittel (gestrichelte Linie)
(nach Gilliand, 1982)

in dem ausgefeiltesten Modell 93 % der Varianz der Lufttemperaturen der Nordhalbkugel über die einhundert Jahre zwischen 1880 und 1980 durch die Einflußgrößen der Vulkanaktivität, der Solaraktivitätsschwankungen mit Zyklen im Bereich von 124, 22 und 76 Jahren und mit Änderung des CO_2-Gehaltes der Atmosphäre erklärt werden. Dabei stellte sich die Änderung der Vulkanaktivität als die stärkste, die Änderung der Solaraktivität als die zweitstärkste und die Änderung des CO_2-Gehaltes der Atmosphäre als die drittstärkste Variable im System zur theoretischen Herleitung der nordhemisphärischen Temperaturschwankungen heraus. Es wird dabei allerdings auch deutlich, wie der durch die Erhöhung des CO_2-Gehaltes der Atmosphäre zunächst wohl angeregte Temperaturanstieg ab den 40er Jahren unseres Jahrhunderts von externen Einflüssen der Solarkonstantenänderungen und von der Vulkanaktivität maskiert worden ist. Für die Folgezeit bis zum Jahre 2000 bedeutet dies nach Gilliland (1982) jedoch, daß aufgrund der Zunahme der Solaraktivität die Temperaturen bis zum Jahre 2000 stärker steigen werden, als man annehmen müßte, wenn man alleine die Steigerung des CO_2-Gehaltes der Atmosphäre bis dahin berücksichtigte. Dabei sind mittlere Vulkanaktivitäten vorausgesetzt.

Heutige mehrdimensionale atmosphärische Zirkulationsmodelle vermögen die Temperaturänderung in der Atmosphäre präziser zu erfassen als eindimensionale Modelle. Zumeist werden heute atmosphärische Zirkulationsmodelle berechnet, in die durchaus das Relief der Erde und die Ozeane bis in bestimmte Tiefen integriert ist. Sie versuchen in der Regel, die Wirkung der Steigerung des CO_2-Gehaltes in der Atmosphäre auf die Temperaturen zwischen Nord- und Südpol und von der Oberfläche unserer Erde bis in die hohe Stratosphäre modellhaft zu berechnen. In der Abb. 9 sind die Ergebnisse verschiedener jüngster Modellansätze unter der Annahme einer Verdoppelung des CO_2-Gehaltes der Atmosphäre zusammengestellt. Sie zeigen zunächst einmal lediglich die Temperaturwirkungen der entsprechenden Veränderung des Gasgehaltes der Atmosphäre, die nach heutigen Annahmen nach der Jahrtausendwende erreicht sein wird (vgl. Schlesinger, u. a. 1986), unter Konstanthaltung der Varianz der übrigen Kompartimente des Klimasystems. Sie weisen die Veränderungen der Temperaturen für den Zeitraum von Dezember bis Februar nach. Es sind dies das GFDL-Modell von Wetherald und Manabe aus dem Jahre 1986, errechnet im Labor für Geophysical Fluid Dynamics, das GISS-Modell von Hansen u. a. aus dem Jahre 1984, erstellt im Goddard Institute for Space Studies und NCAR-Modell von Washington und Meehl aus dem Jahre 1984, berechnet am National Center for Atmospheric Research. Alle Modelle zeigen eine ähnliche Tendenz der Temperaturänderungen, nämlich deutliche Abnahmen im Stratosphärenbereich und deutliche Temperaturerhöhungen in der Troposphäre. In den polaren Breiten sind die Temperaturänderungen über dem Südpol weit schwächer ausgebildet als über dem Nordpol. Alle drei Modellansätze zeigen auch eine Übereinstimmung darin, daß in den Nordpolargebieten global gesehen die größten Temperaturerhöhungen selbst des Winters zu konstatieren sein werden. Für den Winter kann ja kein Abtauen des arktischen Meereises angenommen werden. Im Bereich der Arktis weist das GFDL-Modell im bodennahen Bereich Temperaturerhöhungen von über 14 °C aus, während das GISS-Modell und das NCAR-Modell einheitlich Temperaturerhöhungen von nur 7 °C wahrscheinlich machen. Einheitlicher erscheint im Bereich der Tropen die größte Temperaturzunahme nicht im bodennahen Bereich, sondern in einer Troposphärenhöhe bei 10 km. Hier weist das NCAR-Modell die größten Temperaturerhöhungen von mehr als 7 °C in der Troposphäre über dem Äquator aus. Die Unterschiede

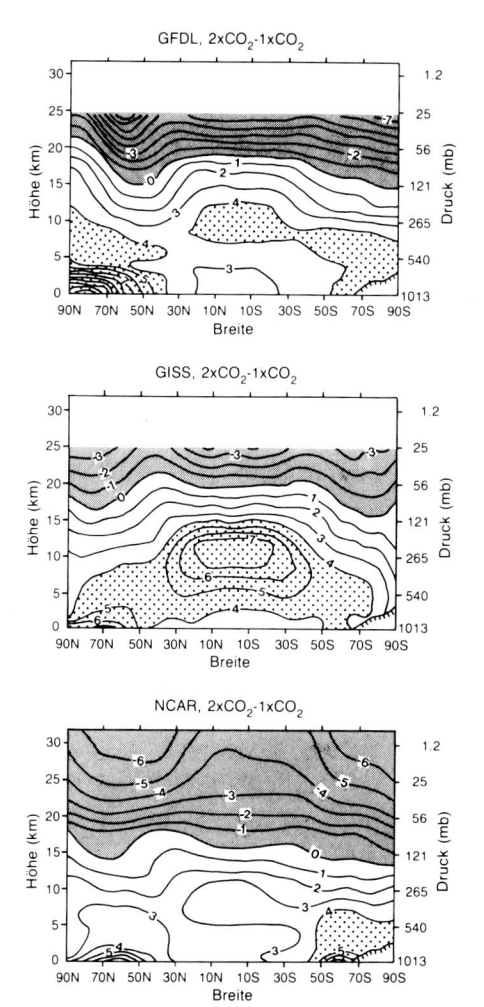

Abb. 9: Simultation der Dezember-Januar-Februar (DJF)-Mitteltemperaturen unter Annahme eines doppelten CO_2-Gehaltes nach verschiedenen Modellen.
(nach Schlesinger, M. E. 1986)

der Ergebnisse der verschiedenen Modelle und die Tatsache, daß ihre Modellansätze lediglich auf einer Variabilität des CO_2- Gehaltes der Atmosphäre basieren und nicht die Varianz der Solaraktivität und weiterer prognostizierbarer Kompartimente des Klimasystems beinhalten, lassen diese Klimamodelle wenig geeignet erscheinen, eine realistische Klimaprognose darzustellen. Ihre Einigkeit in der Tendenz läßt für die Zukunft in der dreidimensionalen Sicht der Atmosphäre jedoch eines als gesichert erscheinen, nämlich daß die troposphärischen Temperaturen ansteigen und die stratosphärischen Temperaturen zurückgehen und daß mit den deutlichsten Temperaturerhöhungen wohl in den Polargebieten zu rechnen ist. Auch eine relativ starke Erwärmung der oberen Troposphäre über dem Äquator erscheint wahrscheinlich. Damit wären naturgemäß markante Umstellungen in der Zirkulation der Atmosphäre verbunden, die auch die dazwischen bzw. darunter liegenden Gebiete auf der Erde mit anderen Witterungsabläufen bedenken würden, als sie heute konstatiert werden. Es werden dann weniger die mittleren Temperaturen in ihrer Änderung sein, die die Menschen tangieren, sondern die Umstellungen im Witterungsablauf und in der Zirkulationsdynamik, vor allem aber das Niederschlagsaufkommen.

Modellrechnungen möglicher zukünftiger Klimazustände beschränken sich derzeit also im wesentlichen auf eine mögliche Veränderung des Klimas durch anthropogen bedingte Gasgehaltsänderungen in der Atmosphäre. Mehrdimensionale Modelle der Wirkung der Änderungen der Solaraktivität auf das irdische Klima existieren in hoch-aufgelöster Form für sich genommen nicht. Bei der Analyse der Klimawirkung einer Vervielfachung des CO_2-Gehaltes der Atmosphäre stehen in der Diskussion die Temperaturen meist im Vordergrund.

Blicken wir kurz zurück in das neolithische Klimaoptimum der Zeit nach 8500 B.P., so ist festzuhalten, daß damals bei höheren Temperaturen für die größten Teile des Globus ökologisch günstigere Klimabedingungen herrschten als heute. So erscheint eine Erwärmung nicht unbedingt als negativ, kann sie doch das Pflanzenwachstum anregen und vermag dazu der erhöhte CO_2-Gehalt der Atmosphäre die Assimilation der Pflanzen zu steigern. Meist gerät jedoch dann die Nährstoffversorgung der Pflanzen in ein Minimum. Nur durch intensivere Düngung ließe sich der erhöhte CO_2-Gehalt der Atmosphäre und ließe sich das erhöhte Wärmeangebot nutzen. Entscheidend wird jedoch sein, wie sich in Hinsicht auf mögliche Änderungen der landwirtschaftlichen Produktion auf der Erde die Feuchteverhältnisse, insbesondere die Bodenfeuchteverhältnisse ändern. Ein detailliertes Modell der Änderung der Bodenfeuchte unter der Annahme eines höheren CO_2-Gehaltes der Atmosphäre stellten Manabe, Wetherald und Stouffer (1981) vor. Ihr ausgefeiltestes Modell weist die Änderungen der Bodenfeuchte bei einer Vervierfachung des CO_2-Gehaltes gegenüber dem heutigen Zustand einmal für die Periode März bis Mai und zum anderen für die Periode Juni bis August aus.

Die Annahme einer Vervierfachung des CO_2- Gehaltes der Atmosphäre für die nächsten Jahrhunderte scheint zu hoch. Erinnert man sich jedoch an die Klimawirkung der übrigen Spurengase, so könnte dieses Modell auch Realität erlangen bei einer Verdoppelung des CO_2- Gehaltes der Atmosphäre unter Einrechnung der Klimawirkung der übrigen vom Menschen in die Atmosphäre eingetragenen Spurengase. Als Folge wird eine erhebliche Reduktion der Bodenfeuchte in den Regionen der zentralen Vereinigten Staaten und der Sowjetunion, sowie in Australien und den Getreideanbauregionen Argentiniens deutlich. Damit besteht die Gefahr, daß bei einer allgemeinen Erwärmung der Troposphäre die Bodenfeuchte gerade in den Kornkammern der Erde zurückgeht und daher dort Ertragseinbußen zu verzeichnen sein werden. Allerdings hat der Südsommer als Hauptwachstumsphase der südhemisphärischen Getreide in ihren Kornkammern keine Modellberechnungen gefunden. Der Rückgang der Bodenfeuchte aufgrund einer stärkeren troposphärischen Erwärmung gerade in den mittleren Breiten läuft im wesentlichen über eine Änderung des Schneehaushaltes ab. Die höheren Wintertemperaturen bedeuten eine geringere Schneedecke und eine geringere Andauer der Schneebedeckung. Auch taut „modellhaft" die Schneedecke im Frühjahr früher ab als bei den gegenwärtigen Bedingungen. Dies bedeutet in der Summe, daß der Boden zum Frühjahr unter Annahme einer Vervierfachung des CO_2-Gehaltes der Atmosphäre auf der Nordhalbkugel weniger durch Schneeschmelze wassergesättigt sein wird, als er sich gegenwärtig darstellt. Gerade der durch die Schneeschmelze bedingte Bodenwasservorrat ist es jedoch, der die Wasserversorgung der Getreidepflanzen bei ihrem Frühjahrswachstum gewährleistet, insbesondere in Gebieten, in denen die Sommer relativ trocken ausgeprägt sind. Damit dürfte der Getreideertrag in den zentralen Vereinigten Staaten und in der Sowjetunion aufgrund der Rückkoppelung Schneemächtigkeits- und Schneeandaueränderungen/Bodenfeuchteregimeänderungen zurückgehen. Einer Feuchtereduktion in den mittleren Breiten stehen höhere Bodenfeuchtewerte in den extrem hohen Breiten der Nord- und der Südhalbkugel in den entsprechenden Monaten gegenüber. Dies könnte eine polwärtige Verschiebung der Anbaugrenzen bedeuten. Das Bodenfeuchteklimamodell der Annahme der Vervierfachung des CO_2-Gehaltes der Atmosphäre könnte etwa im Jahre 2100 Wirklichkeit werden, wenn man die Schwankungen der übrigen Kompartimente des Klimasystems außer acht ließe. Die zunehmende Solaraktivität würde jedoch die Bodenfeuchtewerte keineswegs zu günstigeren Annahmen hin korrigieren können, sondern über die gesteigerte Verdunstung und die noch weitergehende Einengung der Schneemächtigkeit und Schneeandauer im Winter die hier gemachten Bodenfeuchteannahmen als konservative Schätzungen erscheinen lassen. Es droht also in der Zukunft infolge der allgemeinen Erwärmungstendenz auf der Erde eine Reduktion landwirtschaftlicher Erträge vor allem in den heutigen

Kornkammern unserer Nordhemisphäre. Damit würde der anthropogen induzierte Klimawandel zu katastrophalen Ernährungssituationen auf dem Globus führen können.

In den bisherigen Modellen sind jedoch zumeist nur Mittelwerte des Klimas in ihrer möglichen Änderung durch die Änderungen des CO_2-Gehaltes der Atmosphäre betrachtet worden. Im Detail lassen die modernsten Modellrechnungen ozeangekoppelter atmosphärischer Zirkulationsmodelle vermuten, daß die Variabilität des Witterungsgeschehens bei aller Verschiebung der Mittelwerte der Temperaturen nach oben und der Bodenfeuchte nach unten generell zunehmen wird. Man muß also offenbar mit extremen Witterungsereignissen rechnen. Damit wird langfristig sicherlich keine Klimakatastrophe auf den Menschen zukommen, denn die Veränderungen des Klimas in Richtung auf eine Erwärmung werden so allmählich vor sich gehen, wie sie in der Vergangenheit abliefen und dem Menschen nicht als plötzliche und unvorhergesehene Ereignisse gegenüberstehen. Katastrophal können allerdings einzelne Witterungsereignisse in ihrer Wirkung verstärkt werden. So können z.B. wegen des höheren Wasserdampfgehaltes der Atmosphäre infolge höherer Temperaturen und gesteigerter Meeresverdunstung bisherige katastrophale Niederschläge, wie sie etwa im Sommer 1987 das Veltlin-Tal heimsuchten, in Zukunft höhere Niederschlagsmengen erbringen und daher etwa in den Hochgebirgen der Erde erosionsaktiver und somit katastrophaler wirken. Auch wird sich die Zahl und Intensität tropischer Wirbelstürme erhöhen. Wenn wir überhaupt von einer Klimakatastrophe in der Zukunft sprechen können, dann weniger in Hinsicht auf die generellen Veränderungen der Temperaturen, der Niederschläge und der atmosphärischen Zirkulation, sondern eher hinsichtlich der Häufung einzelner katastrophaler Witterungsereignisse. Infolge des langen energetischen Gedächtnisses der Ozeane wird der generelle Erwärmungstrend aufgrund der höheren Solaraktivität und der Veränderungen des Gasgehaltes der Atmosphäre so allmählich vor sich gehen, daß der einzelne Mensch ihn nicht von heute auf morgen als Katastrophe spüren wird.

4. Fazit der Prognosemöglichkeiten

Fragt man sich nun als Fazit, welche Möglichkeiten der Klimaprognose der Wissenschaft heute gegeben sind und wie sicher die angeführten Klimamodelle Klimaprognosen für bestimmte Zeiträume in bestimmten Regionen sein können, so muß wieder auf die Einzelteile des Klimasystems zurückgegriffen werden. Die langfristigen Schwankungen der Insolation aufgrund der Änderung der Erdbahnelemente lassen sich recht präzise vorhersagen. Weniger präzise können kurzfristige Schwankungen der Solaraktivität, die sich in den Sonnenfleckenrelativzahlen äußern, prognostiziert werden. Für die nächsten Jahrzehnte ist jedoch eine höhere Solarstrahlung in das System Erde/Atmosphäre wesentlich wahrscheinlicher, als eine reduzierte Energiezufuhr von der Sonne zur Erde. Auch langfristig werden sich in den nächsten acht- bis neuntausend Jahren keine Strahlungsbedingungen einstellen, die Initialzündungen einer neuen Kaltzeit sein könnten. Damit wird das Argument entkräftet, daß mögliche Erwärmungen infolge des Eintrages anthropogener Spurengase in die Atmosphäre den Beginn einer neuen Eiszeit, der bald bevorstünde, hinauszögern könnten, also ökologisch vertretbar wären. Es steht offenbar keine neue Eiszeit bevor, sondern auch von den solaren Bedingungen sind steigende Temperaturen im Mittel vor allem auf der Nordhalbkugel zu erwarten. Dabei wird sich langfristig allerdings der Temperaturkontrast Sommer/Winter und Nord-/Südhalbkugel verstärken. Die Prognosen der Änderungen der Gasgehaltsmischung der Atmosphäre sind im wesentlichen vom Menschen abhängig. Zwar hat die Atmosphäre in der Vergangenheit ihre Zusammensetzung in sehr langer zeitlicher Dimension erheblich verändert, zwar laufen auch in der Gegenwart natürliche Gasgehaltsänderungen in der Atmosphäre ab, ohne daß diese eine meßbare Größe erlangt hätten, der anthropogene Eintrag von Spurengasen übertrifft jedoch momentan alle natürlichen Gasgehaltsänderungen in der Atmosphäre an Wirksamkeit bedeutend. Die Wirkung der Gasgehaltsänderungen in der Atmosphäre ist eindeutig. Es wird in jedem Falle durch den Eintrag von CO_2 und anderen Spurengasen, die im wesentlichen aus der Verbrennung fossiler Energieträger, der Intensivierung der Landwirtschaft, dem Kraftverkehr und weiteren menschlichen Aktivitäten entspringen, zu einer Erwärmung der Troposphäre und einer Abkühlung der Stratosphäre kommen. Wie diese in Ausmaß und Regionalisierung im Zusammenhang mit den Insolationsveränderungen aussehen wird, ist jedoch noch weitgehend unklar. Es ist hier vor allen Dingen der Vulkanismus zu nennen, der nicht prognostiziert werden kann, der in seiner Klimawirkung jedoch Größenordnungen anzunehmen imstande ist, die die Erwärmungstrends durch Insolationszunahme und Einengung der langwelligen Ausstrahlungsfenster zeitweise zu kompensieren vermögen. Hier ist allerdings als weitere Imponderabilie zu nennen, daß auch Bewölkungsänderungen als Folge initialer Erwärmung und initialer Steigerung des Wasserdampfgehaltes in der Atmosphäre Wirkungen auf die Realisierung von Erwärmung und Niederschlagsänderungen ausüben können, die größer sind als ohne Bewölkungsänderungen in den Modellen angenommene Temperatur- und Niederschlagsänderungen. Alleine eine 5%ige Änderung der Bewölkung und eine Änderung der Höhenstockwerke der Bewölkung um 500 m könnte Temperaturänderungen um 3-5°C auf der Erdoberfläche auslösen. So stellt gerade die Unsicherheit der Prognostizierbarkeit von Vulkanismus und Bewölkung die Eignung von Klimamodellen zur Klimaprognose wesentlich in Frage. Zudem ist es relativ unsicher, wann die Gasgehaltsänderungen in der Atmosphäre eine Verdoppelung oder Vervierfachung des CO_2-Gehaltes in der Atmosphäre erreicht haben werden. Dies hängt im wesentlichen von der zukünftigen Energienutzung ab. Sollte der Mensch Einsicht zeigen und seine Energieerzeugung, seine Landwirtschaft und seinen Kraftverkehr unter Bedenken der zukünftigen Entwicklungen ausrichten, so würden sich die Temperaturänderungen in Bereichen abspielen, die kaum nachhaltige Wirkungen auf die Ökosysteme der Erde zeitigten. Fragt man sich nach der Prognostizierbarkeit der Eisbedeckung auf der Erde als Kompartiment des Klimasystems, so ist diese allenfalls in Abhängigkeit von initialen Temperaturänderungen als Folge der Gasgehaltsänderungen in der Atmosphäre berechenbar. Eine weitere Imponderabilie der Klimaprognose ist die Prognose der Änderung der Struktur der Erdoberfläche. Auch von ihren Änderungen gehen bodennahe Erwärmungen und Abkühlungen in großer Dimension aus, die in die reinen CO_2-Klimamodelle nicht integriert worden sind, weshalb diesen auch von daher eine gewisse Realitätsferne bescheinigt werden muß. In welche Richtung der Mensch in Zukunft jedoch die Erdoberfläche verändert, ist schwer vorherzusagen. Zum ersten Mal in der Geschichte hat der Mensch derzeit die Möglichkeit, langfristige Strategien im Umgang mit der Natur zu entwickeln. Klimaszenarien, überhaupt die gesamte Klimawirkungsforschung verdeutlichen, daß der Mensch Gefahren erkannt hat und im Begriffe ist, sich wegen der erkannten Gefahren in seinem Verhalten zu ändern. Sollten Landschaftsdegradationen in den Wüstenrandgebieten und Abholzungen von Regenwäldern in ihrer Klimawirkung durch alternative Pflanzen und durch alternative Landwirtschaftsstrategien kompensiert werden können, so kann der gegenwärtige Trend der Albedozunahmen und der zunehmenden Stärkung der Flüsse fühlbarer zu Ungunsten latenter Wärme nicht einfach fortgeschrieben werden. Ein weiteres, schwer prognostizierbares Klimakompartiment sind die Ozeane in ihrem Temperatur- und Verdunstungsverhalten in Raum und

Zeit, vor allem die Ozeanströme. Es kann nur vermutet werden, daß die Ozeane unmittelbar auf Temperaturerhöhungen reagieren, diese aber lange verzögern werden. Umstellungen in der Ozeanzirkulation und damit in den Ozeanoberflächentemperaturen lassen sich bislang kaum in Klimamodelle einbauen, weniger noch für die Zukunft prognostizieren.

So stehen relativ gut prognostizierbaren Kompartimenten des Klimasystems, wie der Insolation und evtl. noch der Zusammensetzung der Atmosphäre, recht schwierig abzuschätzende Kompartimente wie Bewölkung, Vulkanismus und Ozeantemperaturen gegenüber. Klimamodelle, die die Änderungen aller Kompartimente des Klimasystems in der Zukunft beinhalteten, sind derzeit wegen der dazu erforderlichen Rechnerkapazitäten und langen Rechenzeiten noch nicht erprobt. Insofern beinhalten alle Klimamodelle, so vieldimensional und realistisch sie auch sein mögen, nur die Änderung eines Kompartimentes des Klimasystems und nicht die Variabilität des Gesamtsystems. Insofern kann kein Klimamodell, welches gegenwärtig entsteht oder entstanden ist, als eine wirkliche Klimaprognose eines festen Zeitpunkts der Zukunft gewertet werden. Dazu sind auch die Unsicherheiten der Entwicklung einzelner Teile des Klimasystems in der Zukunft in Abhängigkeit von der Entwicklung anderer Teile des Klimasystems viel zu unsicher.

Wirkliche Klimaprognosen lassen sich daher nicht aufstellen. Man sollte jedoch nicht unerwähnt lassen, daß die „Klimagefahr" einer zunehmenden Erwärmung, einer Reduktion der Bodenfeuchte in landwirtschaftlich sensitiven Gebieten und evtl. einer Zunahme der UV-Strahlung so wahrscheinlich ist, daß Vermeidungsstrategien entwickelt und realisiert werden sollten, bevor die Wirklichkeit die Modelle einholt und daß es keine Alternative zu den Modellrechnungen gibt.

5. Ein Blick in die Vergangenheit – Analogfall für die Zukunft?

Es bleibt noch eine Möglichkeit, wenigstens eine gewisse Vorstellung über zukünftiges Klima zu erhalten, nämlich der Blick auf das, was sich in der Vergangenheit als Klimageschehen unter ähnlichen Bedingungen wie heute abgespielt hat. Hier sind vor allem die letzten Jahrhunderte interessant. W. Lauer und P. Frankenberg (1986) haben Zeitreihen der Frühjahrs- und Sommerwitterung der Rheinpfalzregion um Deidesheim aus Angaben der Weinquantität und Weinqualität zurückgerechnet. Aus den Zeitreihen vor allem der Sommerwitterung wird deutlich, daß wir seit Ende des vorigen Jahrhunderts in einer ausgesprochenen Gunstphase leben, welche uns im Mittel so warme Sommer beschert hat wie nie zuvor. Ausgerechnet aus diesem Mittel haben wir jedoch unsere Standardwerte zur Beurteilung des Klimas bezogen. Betrachtet man extreme Kaltphasen vor dieser Zeit wie vor 1600 oder um 1750, so wird deutlich, wie aufgrund von Solaraktivitätsschwankungen und Vulkanismus extrem kalte Witterungsphasen in Mitteleuropa herrschen konnten, mit entsprechenden katastrophalen Auswirkungen auf Ernteerträge und Überlebenschancen der Bevölkerung. Die Frühjahrswitterung zeigt demgegenüber derzeit kein Optimum. Ihres lag zwischen 1850 und 1910. Aber auch die Frühjahrswitterung zeigte extreme Ausschläge nach oben und nach unten. Es lohnt sich, die Berichte der Historiker über die Lebensumstände in den extremen Kaltphasen der vergangenen „Kleinen Eiszeit" zu lesen, um sich zu vergegenwärtigen, wie die Menschen damals vor allen Dingen unter den extrem kalten Klimaphasen in Westeuropa gelitten haben. Es ist daraus in jedem Fall die Erkenntnis festzuhalten, daß das Klima von Natur aus transitiv ist. Der Mensch wird bei aller Vorsorge kein stabiles Klima erzeugen können. Es wird nie so etwas wie eine „Sozialversicherung des Klimas" geben. Der Mensch kann lediglich danach trachten, natürliche Schwankungen des Klimasystems durch seine Aktivitäten nicht zu verschärfen.

Gegenwärtig scheint der Mensch jedoch in einer natürlichen Erwärmungsphase diese zusätzlich „anzuheizen". Gerade deshalb sollte er die doch global mögliche Klimaprognose einer Erwärmung zum Anlaß nehmen, seine hohe technologische Intelligenz, sein systemanalytisches Denken und seine ethische Verantwortung einzusetzen, um die Gefahren durch einen neuen technologischen Sprung nach vorne zu vermeiden. Die Unsicherheit von Klimaprognosen sollte niemanden dazu verleiten, die Hände in den Schoß zu legen und zu glauben, es würde nichts passieren. Die wahrscheinlichen Klimaänderungen der Zukunft, vor allem eine globale troposphärische Erwärmung, sind viel zu ernst zu nehmen, als daß der Mensch dieses Risiko mit den Folgerisiken gesellschaftlicher und interstaatlicher Konflikte blinden Auges in Kauf nehmen könnte.

Literaturverzeichnis

Bach, W. (1982): Gefahr für unser Klima. Karlsruhe
Borisenkov, Y.E.P.; Tsvetkov, A.V. und Agaponov, S.V. (1983): On some characteristics of insolation changes in the past and the future. Climatic Change 5, S. 237-244
Flohn, H. (1985): Das Problem der Klimaänderungen in Vergangenheit und Zukunft. Darmstadt
Frankenberg, P. (1985): Vegetationskundliche Grundlagen zur Sahelproblematik. Die Erde 116, S. 121-135
Frankenberg, P. und D. Anhuf (1989): Zeitlicher Vegetations- und Klimawandel im westlichen Senegal. Erdwissenschaftliche Forschung XXIV, Hrsg. v. W. Lauer, Stuttgart
Frankenberg, P. und J. Rheker (1988): Zum Niederschlagsregime in Nordostbrasilien, insbesondere in Pernambuco, Jahrbuch der Geogr. Ges. zu Hannover, S. 65-96
Gilliland, R. (1982): Solar, volcanic, and CO_2, forcing of recent climatic changes. Climatic Change 4, S. 111-131
Hoyt, D.V. (1979): Variations in sunspot structure and climate. Climatic Change 2, S. 79-92
Lauer, W. und P. Frankenberg (1986): Wein und Witterung in der Rheinpfalz und im Rheingau seit Mitte des 16. Jahrhunderts. Colloquium Geographicum 19, Bonn, S. 99-112
Manabe, S.; T.R. Wetherald und R.J. Stouffer (1981): Summer dryness due to an increase of atmospheric CO_2 concentration. Climatic Change 3, S. 347-386
Oort, A.H.; Y.H. Pan; R.W. Reynolds; C.F. Ropelewski (1987): Historical trends in the surface temperature over the oceans based on the COADS. Climatic Dynamics 2, S. 29-38
Ottermann, J. (1977): Anthropogenic impact on the albedo of the earth. Climatic Change 1, S. 137-155
Parkinson, C.L. und W.W. Kellog (1979): Arctic sea ice decay simulated for a CO_2-induced temperature rise. Climatic Change 2, S. 149-162
Schlesinger, M.E. (1986): Equilibrium and transient climatic warming induced by increased atmospheric CO_2. Climatic Dynamics 1, No 1
Schönwiese, C.D. (1986): Zur Parameterisierung der nordhemisphärischen Vulkantätigkeit seit 1500. Meteorologische Rundschau 39, S. 126-132